映画に学ぶ危機管理

齋藤富雄
編著

晃洋書房

発刊に寄せて

映画は、仮想現実の世界であるが、現実をよりビビッドに写し出す力を持っているといわれる。私の思い出からすれば、小松左京さんの一世を風靡した「首都消失」である。小説では、首都東京がすっぽりとドーム状の雲に覆われて、政府機能や経済機能の中枢が機能しなくなったとき、大阪に全国（もちろん首都圏は除かれるが）の知事が集合して暫定政府を立ち上げ、国難に対処することが描かれていた。これをどのように映像化するか、特に、首都圏を覆うドームをどのように見せるのか随分苦心されたと思うが、何か巨大なお椀が被さっているような様だったと憶えている。何か、宇宙戦争のイメージだった。一方、全国知事会の場面は、大阪に集い、この国難にどう対処するか、そのための暫定政府の樹立など、日本における危機において、国が機能しないときは都道府県なのだ。各知事なのだということが、会議を通じてよく理解できたのではなかったか。

私たちは、今、国難ともいうべき首都直下型地震や南海トラフ地震など、巨大災害に対して、首都に集中している各種ヘッドクォーター機能を二元化して、首都が機能しなかった場合には、他の中枢地域が第二首都として代替できる危機管理システムを事前に用意する必要があることを強く主張している。特に、今後の災害リスクを考えると、首都機能をバックアップする防災体制の整備が不可欠ではないか。この場合、首都圏に次いで、諸機能の充実が図られている関西圏こそが代替しうるのではないか。これにより、ようやく日本列島の双眼的構造を確立しうるのではないか。

さらに、最近の災害の特質として、「想定外」が多く語られる。私たちの経験した阪神・淡路大震災でも、神戸には地震がこないという誤った先入観から、まさに突然の大震災に遭遇してしまったとの認識である。東日本大震災も、熊本地震も、また二〇一八年七月豪雨でも「想定外」が枕詞となっている。これでよいのか。私たちが十分な事前の想定を行っていなかっただけなのではないか。想定できるのに想定しなかっただけなのではないか。自然災害は防ぐことはできないが、少なくとも、これを想定して、これに事前に備え、被災を最小限に抑え、しかも災害からの復旧を実施しやすくする減災と事前復興のシナリオを準備しておくことが不可欠である。

そのためには、今のようなバラバラの防災減災体制ではなく、過去の教訓を踏まえた調査研究や事前の防災対策のシナリオを用意する等、一連の災害対策を担い、専門性を有した防災庁を創設しなければならない。

防災庁は、次のような機能を持つものとされる。①国民の防災意識を高める、②強い調整力で事前対策から復興までを総合的に進める、③災害情報の一元化を図る、④全自治体の確実な防災対応力を向上する、⑤自治体等との緊密なネットワークを確保する、⑥災害ノウハウや調査研究成果を活用する、⑦リダンダンシーを確保する。

これをどこに設置するかは、複数箇所とか、他の多くの防災関連教育研究機関の集積状況、とくに人と防災未来センターの体制整備などとあいまって検討されなくてはならない。

映画はフィクションだが、これが現実化し、よもやまた「想定外」などと弁解しなくてもよい安全システムを創りあげようではないか。

大阪北部地震では、一つは、帰宅困難者対策ならぬ通勤通学途上対策と、鉄道や高速道路が全て止まり、その復旧にかなりの時間が必要となり、その運営管理のあり方が、二つは、建物破壊がなくても室内の倒壊防止対策が取られていないと散々たる状況になり、特に、一人暮らし高齢者にとっては、整理や片付けができず、片付けボランティアの協力が不可欠という課題が浮かび上がった。

二〇一八年七月豪雨では、まずは、事前の備えや対策が間に合っていなかったことで、結果として、被害が大きくなってしまったこと。二つは、災害弱者対策は叫ばれていたものの、障害者や行動の不自由な高齢者などに被害が集中してしまったこと。三つは、避難勧告や指示に対して人々が、それぞれ事情があるものの、実際の行動に移していないことなども課題に挙げられよう。

いつも災害は、私たちに気づかなかった課題を明らかにする。つまり、私たちの弱点を襲ってくる。それだけに、備えの体制、想像力、準備力、行動力が欠かせない。もう一度、しっかり研究・検討してみようではないか。

兵庫県知事　井戸敏三

二〇一八年七月三一日

はじめに

田舎育ちの私は「映画」といえば、満天の星空の下、神社境内の大きな欅の間に張られた白布に映し出される、白馬に乗った剣豪の活躍に憧れていた幼い頃のことを思い出す。

以来、私にとって「映画」は、夢を実現してくれる魔法の「とき」となった。目の前に繰り広げられる世界に、時空を超えて入り込む。現実の立場を忘れて、主役となったように心で振る舞う。笑ったり、泣いたり、感動したりもする。

映画から学ぶことは多かった。自己を捨てて他者の為に尽くすことの美しさ、戦いのなかでの友情の大切さなど、人としての生き方を学んだような気がする。とりわけ、娘が誕生したときには、幼いころに亡くした父親との思い出がほとんどない自分が、父親としての我が子への接し方に迷ったときには、映画で見た立派な父親の姿に近づこうと努めたこともあった。映画が私の教科書となったのである。

このように映画が人々に与える影響は大きい。娯楽として制作された映画でも、観方次第では映し出された世界のなかから、現実社会で直面する課題解決へのヒントを得ることにもなる。

映画はまた、世相を反映していると言われる。しかし、世相を反映しているのではなく、世相を創り出しているのかもしれないと私は思う。人々の関心が集まるであろう話題を先取りして提供することにより、世のなかに警鐘を鳴らしていると感じることがある。

一九五四（昭和二九）年に公開された特撮怪獣映画『ゴジラ』は、小学三年生の私には、当時社会問題となっていたビキニ環礁の核実験のことは分からなくても、水爆の恐ろしさを理解させるのに十分であった。

昨年、『シン・ゴジラ』が公開された。期待を抱いて早速、映画館に足を運んだが、期待は裏切られなかった。自分自身が今、防災危機管理での視点でものごとを見ているためなのか、地震、津波、原発事故の複合災害となった東日本大震災での政府の対応を基にした、危機管理のあり方がテーマになっていると映った。

同じ思いの仲間がいた。二〇一六年一月、神戸で発足した「ひょうご防災連携フォーラム」のメンバーたちだ。防災研究者、教育者、防災を担当する行政担当者、防災関係機関、防災関係団体の人たち（会員数九四名）が二カ月に一回土曜日の午後に集まって、テーマを定めた勉強会を開催し、その後の懇親会で交流を図っている。その会で『シン・ゴジラ』をテーマにした勉強会を開催することになった。このときの勉強会の盛り上がりが契機となって、この度の『映画に学ぶ危機管理』の出版となったのである。

映画の楽しみ方の一つに危機管理の視点を加えていただくと、『シン・ゴジラ』のみならず多くの映画が参考になる。その意味で本書を多くの皆さんにお読みいただき、身近な危機への対応を考える機会にしていただければと願っている。

本来、娯楽作品として制作された映画を、危機管理教材として取り上げることにご理解をいただいた映画関係者、出版に当たりご尽力をいただいた晃洋書房の皆さんに御礼を申し上げ、映画の持つ力が安全・安心社会づくりに一層発揮されることを期待している。

二〇一八年七月三一日

齋藤富雄

目次

第1章　『シン・ゴジラ』は空想か――。

齋藤富雄

1　シン・ゴジラは現実世界である

「ゴジラが存在する空想科学の世界は、夢や願望だけでなく現実のカリカチュア、風刺や鏡像でもあります」。映画『シン・ゴジラ』の脚本・編集・総監督を務めた庵野秀明さんの言葉である。作品に対する多くの論評は、我が国政府の福島原発事故対応と重ねている。確かに、この映画を観たとき、一番先に頭に浮かんだのは東日本大震災時の福島第一原発事故であった。もし東京都心で原子力に関係する事故が起きたらどうなるのか、さらには、現実に迫っている首都直下地震の惨状にも思いが及んだ。

誰もが、『シン・ゴジラ』は、空想の世界の出来事であり、絶対に起こり得ないと思っている。東日本大震災までは、原子力発電所の事故も我が国では起こらないとかなりの人たちが信じていたのだが、その信頼は一瞬にして裏切られた。シン・ゴジラそのものでなくても、恐ろしい未知の伝染病が蔓延することも、核ミサイルが都心に打ち込まれてくることも否定できない世の中である。

この映画は、ただ単なる娯楽映画としてではなく、現実の世界で起こり得る、防災・危機管理上の大きな課題を突き付けている。

近い将来、国難となる首都直下地震は空想の世界のことでなく、確実に来る災害であり、早急な対応が迫られている。ゴジラが多くの建物を破壊していく有様は、地震の破壊力を想起させるが、全ての機能が集中している東京に大地震が起きれば、行政、経済、社会の中枢機能が停止し、都内一円に一瞬にして広がる被害はゴジラ上陸の比ではなく、都民生活のみならず国民生活全体が大混乱に陥ることは間違いない。

『シン・ゴジラ』では政府の混乱ぶりが主題の一つとして描かれている。

阪神・淡路大震災、東日本大震災でも、政府対応の課題が指摘されてきた。災害の度に多くの教訓を重ねても、今日なお防災・危機管理体制が十分でないことを思うとき、『シン・ゴジラ』を我が国の危機管理体制への警鐘とし、想定される首都直下地震や南海トラフ巨大地震への対応体制のあり方を考える契機にしなければならないと思う。

2　初動が成否を決する

災害や危機事案への対応は、「初動が成否を決する」と言える。

批判の的となった過去の政府対応も、初動に失敗したケースがほとんどであり、『シン・ゴジラ』でも、正体不明の巨大生物の出現に政府は慌てふためき混乱した。

初動の対応が、強いリーダーシップにより迅速、的確に実施されることで、被害の拡大、二次災害が防止され、多くの命、財産が守られ、被災者や国民の信頼も増す。そして、従事している要員の士気も高まり、その後の復旧・復興事業のスムーズな展開にも繋がっていくのである。

対応能力を備えたリーダーが偶然その場にいたから迅速に処理ができたとか、たまたま的確に対応できたということでは済まされない。いつ、どこで大災害などが発生しても、迅速、的確な対応が可能な体制を整備しておくことが、国民生活の安全・安心を確保する政府の責務だ。

だが、過去の災害対応をみる限り、予知できない事案に迅速・的確に対応することが十分できなかった事例が多い。台風などでは、上陸想定時期に合わせて事前準備することがあっても、ほとんどの危機事案は発生を事前に予知し、発生場所、時間に合わせて万全の準備ができず大混乱を招くことになる。仮に、対応マニュアルがあっても、即応体制が整っていないために、組織全体が機能不全に陥るのだ。

この課題を乗り越えるには、突然の危機にも対応できる常設の専門組織を充実・整備するしかないのだが、なかなか進んでいない。最悪をイメージした体制の整備が、何も起こらない平時には壮大な無駄に映ってしまうのだ。

したがって、大きな犠牲が発生したのち、体制の充実を求める声が高まり、政府が重い腰をあげて一歩前に進める、この繰り返しであった。防災・危機管理体制の充実は「後追い」の歴史である。この悪循環を打ち切り、国難となる大災害の襲来を見越した「先取り」の体制構築が急がれている。まさしく、防災・危機管理体制づくりは、国民の安全・安心確保のための先行投資といえる。

3　大災害と政権

防災・危機管理事案の対応において、初動が極めて重要な意味を持っているが、初動の成否には、ときの政権の置かれた環境が大きく影響していると考えられる。過去の大地震の歴史を紐解いてみると、なぜか極めて不安定な政権のときであり、いずれもが初動対応に課題があった。

一九二三年（大正一二年）九月一日に発生した関東大震災では、加藤友三郎総理大臣が八日前に病気で急逝し、内田康哉が総理大臣臨時代理として職務を代行していた。総理大臣の逝去で政権が動揺しているなかでの大地震である。指揮命令、情報収集・伝達等が混乱、震災翌日に戒厳令が発令されるまで、政府は適切な対策を打ち出せず、デマに惑わされた自警団等が暴走し、罪なき朝鮮人の殺戮など風評による被害の拡大を招く結果となってしまった。

一九九五年一月一七日、阪神・淡路大震災が発生したのも、四六年ぶりに日本社会党委員長を首班とする内閣が誕生して間もない時期だった。

新生党党首・羽田孜が率いる内閣が六四日間という歴史に残る短命で幕を閉じ、自由民主党、日本社会党、新党さきがけの連立政権で、日本社会党委員長・村山富市を総理大臣とした内閣が誕生して半年後のことである。危機対応に不慣れな政府であることを狙っていたかのごときタイミングといえた。

二〇一一年三月の東日本大震災の場合も、同様であった。

大震災前年の六月、民主党政権の鳩山由紀夫内閣が総辞職し、新たに民主党代表に選出された菅直人総理大臣が誕生した。しかし、その一カ月後の参議院議員選挙で敗北し、衆参両院のねじれ状態が生じ、国会運営が大混乱する事態となった。菅総理大臣はこの状態を打開するため、九月に第一次内閣改造、翌年一月一四日に第二次改造内閣を発足させたが、その二カ月後に大震災が発生したのである。

大地震の激しい揺れ、大津波の襲来で未曾有の被害が発生し、大混乱している最中に、原発事故が追い打ちをかけた。「想定外」の事案に対応する政府の狼狽ぶりに、厳しい批判が浴びせられ、一気に国民の信頼を失うことになってしまった。皮肉にも阪神・淡路大震災時の村山内閣と同様、政権運営に長けていない政府のときであった。

このように、近時における我が国の大災害の発生は不安定な政権時期と重なっている。もちろん、そのような状況を狙って大災害が発生したのではないが、偶然とはいえ政権の不安定さが混乱に拍車をかけたことは間違いない。

大きな試練を受けたとき、その政権の真価が問われ、リーダーのあり方が試される。しかし、政権の状況によって危機事案の処理に大きな影響を与えることがあってはならないし、災害発生時に最高指揮官となる総理大臣や防災担当大臣の危機管理能力によって、結果が大きく左右されることがあってはならない。

総理大臣をはじめ大臣の過半数以上を、国会議員で占めることを要件とする議院内閣制を採っている我が国では、ときとして危機管理能力を備えていないリーダーが誕生する可能性がある。それ故に、リーダーの判断を支える常設専門組織の充実・整備が必要なのである。

4　阪神・淡路大震災からの学び

今から二三年前の一九九五年一月一七日五時四六分、誰も経験したことのない激しい揺れが阪神・淡路地域を襲い、死者六四三四名という近代日本災害史上最悪の被害をもたらした。

このときには総理大臣が、地震発生からかなりの時間を経過しても被害状況が把握できずに、淡々とルーティンの日程をこなしていたことに対して批判が浴びせられた。

被害情報の収集・伝達手段だけみても、現在とは格段の差があった。今では当たり前になっている携帯電話もない時代のことである。したがって、今の情報環境を前提にしての批判は当たらないが、総理大臣は、我が国の防災・危機管理の最高責任者であり、たとえ情報が入らない状況下にあっても最悪の事態をイメージして、受け身ではなく積極的に対応すべきなのである。

ここでも我が国の防災・危機管理体制のあり方に一石が投じられた。

◇一月一七日

○五時四六分　地震発生
○六時〇〇分　村山総理起床。テレビニュースで「近畿地方で強い地震」を知る
○六時三〇分　村山総理、秘書官に電話で、状況把握を指示
○七時〇〇分　秘書が国土庁防災局に電話で状況確認
○七時三〇分　秘書官より村山総理に「これといった情報は入っていない」と報告
○八時〇〇分　官邸、防衛庁に災害派遣要請の有無を確認。要請なし
○八時二六分　総理、官邸執務室に出務。テレビで情報収集
○八時四五分　総理、「万全の対策を講ずる」とのコメント発表
○八時五三分　官房長官、「非常災害対策本部を設置し、国土庁長官を現地に派遣」と発表
○九時一八分　総理、廊下で記者に、「やあ、大変な状況だなあ」
一〇時〇四分　定例閣議。非常災害対策本部設置決定。震災についての指示特になし

一二時〇〇分　政府与党連絡会議中、官房長官が総理に「死者二〇三人」と報告。総理「え」と驚愕。以降、定例勉強会等に出席

一六時〇〇分　地震後初の記者会見、「人命救助、救援に万全を期する」

◇一月二一日

総理、国会答弁で、「なにぶん初めてのことでございますし、早朝のことでございますから、政府の対応は最善だった」

◇二月〇九日

阪神・淡路大震災の復旧・復興に関する基本方針表明記者会見で、「災害発生の当初について、いろいろとご批判があることは私も十分承知いたしております。即時に的確な情報を得ることや、初期動作に誤りなきを期することは、危機管理の要諦であります。そうしたご批判には、謙虚に耳を傾け、見直すべきところは率直に見直すとともに、責任の制度疲労という点についても、この際思い切って抜本的に見直し、今後の危機管理体制、防災体制などに万全を期したいと思います」。

その後の記者の質問に答えて、「官邸にありましては、私は地震発生当日の午前六時すぎにテレビを見て、直ちに秘書官に情報収集を命じ、その結果の報告や、官房長官からの報告を踏まえて、午前十時の閣議において、非常災害対策本部の設置の決定を、各種施策を講じたところでございます。ただ、こうした初動期の対応について、今もお話がございましたように、いろいろのご批判のあることも十分承知をしており、そうしたご批判にも謙虚に耳を傾け、見直すべきところは素直に見直していかなければならぬと考えています」。

（※時間等は朝日新聞社編『阪神・淡路大震災誌』による）

阪神・淡路大震災での救助風景
写真提供：神戸市

当時、誰もが大地を揺るがす大地震の脅威が現実のものとなることを想定していなかった。構えのないところを襲われるほど惨めなことはない。総理大臣もその一人であった。詳細な情報が入らないまま、戦後最大の被害が発生していることに思いが及ばす、迅速な行動に繋がらなかったのだ。この初動が政権の致命傷ともなってしまったのである。

日本社会党籍の総理大臣であったから自衛隊の派遣が遅れたというような批判もあったが、作為的な意識が働くゆとりもなかったに違いない。想定外の、しかも何の備えもない環境のもとでの災害対応であり、その混乱ぶりは大震災を経験した者にはよくわかる。

このことは、ときの貝原俊民兵庫県知事の自衛隊災害派遣要請が遅れた原因として、県が自衛隊にアレルギーを持っていたなどと、誤った情報がまことしやかに流布されたことにも通じている。自衛隊の基地が多い兵庫県は、普段からどこよりも自衛隊の活動に種々協力してきたが、その歴史を無視した風評であった。

当時、東海地方に大地震が発生する確率が高い、大地震に襲われるとすれば関東、東海地方だと誰もが思い、阪神・淡路の地を襲うなどとほとんどの人が思っていなかったのである。まさしく、想定外のことであり、何の備えもないため、地元自治体ですら情報らしい情報は全く入らない状態のなか、情報もない、連絡も取れない、人手もない、体制もない、ないない尽くしのなかでの対応の結果であったといえる。

的確な判断をするためには、情報が必要なことは論を待たない。しかし、情報が入らないことを言い訳にして責任を回避してはならない。いかなる場合でも住民の安全を守り、いつ、何が起きても対応できる心構えをしておくのが、最高責任者としての務めである。

とはいうものの、総理大臣に防災・危機管理の専門知識を持っている者が就任するとは限らないし、総理大臣一人にそれを求めるのも酷である。しかも、選挙で選ばれる国会議員は、経済、福祉や教育など選挙民の関心の高い政策を訴えて選ばれることが多く、防災・危機管理など票に繋がらない政策には関心が薄く、当然、不得手な議員もいる。その国会議員の中から選ばれる総理大臣も例外ではない。また、国政の全ての分野に全責任を有する総理大臣は二四時間、三六五日、いつ発生するかもしれない防災や危機のことばかり考えていることは不可能だ。そこで必要なのが、総理大臣を補佐し補完する専門組織の常設である。

村山総理大臣の場合も、そのような判断をサポートする体制が整備されていたならば、迅速な官邸出動と共に深刻な事態の把握ができ、結果は変わっていただろう。その気づきが、不十分ながらも、その後の内閣府主導の防災体制構築への動きになったといえる。

5　福島第一原子力発電所事故からの学び

阪神・淡路大震災から一六年が経過した二〇一一年三月一一日一四時四六分、三陸沖を震源とするM９・０の地震が発生した。ときが経ち、多くの人々の脳裏から警戒心が薄らぎ始めたころ、大地震、大津波が東北地域の広範囲を襲い、福島県内の第一原子力発電所を直撃した。激震、大津波、原発事故と重なり、災害史上空前の最悪事態を招いたのである。人々はあらためて自然の猛威に驚愕し、慄いた。

当時の総理大臣は菅直人で民主党政権下であった。対応が評価される一方で、批判する意見も多く、民主党政権の地盤沈下の要因ともなった。

◇三月一一日

一四時四六分　東北地方太平洋沖地震発生
一五時一四分　緊急災害対策本部設置
一五時二七分　津波第一波到達
一五時三五分　津波第二波到達
一五時三七分　第一回緊急災害対策会議
　　　　　　　福島第一原発一号機全交流電源喪失
一五時三八分　同三、四号機全交流電源喪失
一六時三六分　福島第一原子力発電所対応で官邸対策室設置
一六時五五分　総理記者会見、「国民の皆様、もうテレビ、ラジオでご承知のように、本日一四時四六分、三陸沖を震源とするM８・４の非常に強い地震が発生をいたしました。これにより、東北地方を中心として広い範囲で大きな範囲で大きな被害が発生をいたしております。被災された方々には、心からお見舞いを申し上げます。なお、原子力施設につきましては、一部の原子力発電所が自動停止いたしましたが、これまでのところ外部への放射性物資等の影響は確認

をされておりません」「こうした事態を迎え、私を本部長とする緊急災害対策本部を直ちに設置をいたしました。国民の皆様の安全を確保し、被害を最小限に抑えるため、政府として総力を挙げて取り組んで参ります。国民の皆様におかれましても、今後、引き続き、注意深くテレビやラジオの報道をよく受け止めて頂き、落ち着いて行動されるよう、心からお願いを申し上げます」（三分間）

一九時〇三分　福島第一原発について原子力災害対策特別措置法に基づく「原子力緊急事態宣言」を発令。

原子力災害対策本部及び同現地対策本部を設置

二一時〇二分　原子力災害対策特別措置法に基づき、関係地方公共団体に対し、「福島第一原発から半径三キロ圏内の住民に対する避難指示、福島第一原発から半径一〇キロ圏内の住民に対する屋内退避指示」

◇三月一二日

○一時三〇分　ベント実施について、総理了解（一号機、二号機）

○四時五五分　発電所構内の放射線量が上昇（毎時〇・〇六九マイクロシーベルト→毎時〇・五九マイクロシーベルト）

○五時四四分　福島第一原発から半径一〇キロ圏内の住民に対する避難指示

○六時一四分　総理が陸自ヘリで官邸屋上から出発

○七時一一分　総理が福島第一原発に到着

○七時四五分　福島第二原発から半径三キロ以内の住民に対する避難指示、半径一〇キロ圏内の住民に対する屋内退避指示

○八時〇三分　ベント操作を九時目標で実施する旨を所長が指示
○八時〇四分　総理が福島第一原発を出発
一〇時四七分　総理が官邸へリポート着
一五時三六分　第一原発一号機の建屋が水素爆発
一七時三九分　福島第二原発から半径一〇キロ圏内の住民に避難指示
一七時五五分　経産大臣から原発炉容器内を海水で満たすよう措置命令
一九時〇四分　海水注入を開始
◇三月一三日
一一時〇一分　原発三号機で水素爆発
◇三月一五日
○六時一二分　原発二号機、四号機で爆発

（※時間等は木村英明『官邸の一〇〇時間　検証福島原発事故』による）

阪神・淡路大震災以降、防災担当の大臣が任命され、内閣危機管理監が設置され内閣府に防災担当の組織が整備されていた。政府の防災体制は格段に充実したかのように見えていたが、一六年前の教訓は十分に活かされていなかった。

菅総理大臣への批判をまとめると次のようになる。

①事故後すぐに視察に行き、その視察対応によって現場の対応が遅れた
②原発の知識もないのに何かと声高に現場指揮に口を出した
③内部人材より、私的外部人材の意見を尊重した
④政府の最高責任者が東京電力本社の対策本部へ乗り込んで行った

多くの人たちを震撼させた大津波に、前例のない原発事故の発生が重なり、官邸機能、その官邸を支える官僚組織が機能不全に陥った。当然、現場で何が起きているのか、情報が全く入手できない状況下での総理大臣の行動である。

しかも、原子力安全・保安院、文科省、原子力安全委員会などの原子力関連組織が本来期待されていた機能を果たさなかった。大事故が発生しないことを暗黙の前提としている組織では、いざ大事故が発生すると身動きができなかったのだ。原子力災害対応の要を担う原子力安全・保安院のトップは事務系で、原子力の専門家ではないことが悲劇であった。

福島第一原発

結果、平時の管理業務を優先した人事による組織は、真に専門知識が必要な緊急時には思考停止をしてしまったのである。このことは、菅総理大臣が技術的助言のために急遽招集した、北陸先端科学技術大学院大学副学長日比野靖（木村英昭『官邸の一〇〇時間』）の談にもある。

「総理に助言すべき組織が機能せず、当事者意識が欠如していた。組織の都合が優先され、必要な知識を持った人間が役職にいなかった」。

国民の信を得て対応に当たる政治家に、迅速・的確な技術的助言ができてこそ、専門家組織としての役割が果たせたのであるが、それができなかった。専門家にも最悪の事態を想定しての備えがなかったといえる。

さらに理解できないのは、既存の専門家体制では機能しないと判断したとき、それを早期に見限り、国の総力を挙げて新規の専門家集団を直ちに招集すべきであったのに、何故できなかったのか。大きな課題として認識しなければならない。

6 シン・ゴジラからの学び

阪神・淡路大震災から二二年、東日本大震災から六年が経過した二〇一七年春、映画『シン・ゴジラ』が公開された。

二〇××年×月×日八時三〇分頃、東京湾に正体不明の巨大生物が出現した。これが始まりである。

◇初日

○八時三〇分　東京湾横断道路付近に巨大生物出現
○九時〇〇分　大河内総理大臣が官邸到着
○九時〇〇分　官邸対策室設置、消防庁災害対策本部設置

○九時○五分　東京湾における水蒸気爆発等の総理大臣レクチャー
○九時三○分　第一回「アクアトンネル浸水事故及び東京湾における水蒸気爆発に関する複合事案対策会議」（関係閣僚会議）
一○時○○分　生物学有識者三名官邸到着
一一時三○分　巨大不明生物に関する総理大臣緊急会見「巨大不明生物の上陸はあり得ません」
一一時四○分　（会見中に）巨大不明生物、大田区蒲田に上陸
一二時○○分　巨大不明生物に関する緊急災害対策本部設置
一二時三○分　災害緊急事態の布告を総理大臣が宣言
一三時四○分　死者、行方不明者一○○人を超える

◇二日目

夜　官邸に新たな「専従調査班」設置（資源エネルギー庁、原子力規制庁、国交省、厚生労働省、文部科学省、防衛省、外務省、環境省、国立大学准教授などの各省等から派遣された集団）

◇三日目

「専従調査班」活動開始

（※時間は筆者推定）

不安定な政権、脆弱な政権のときにのみ、対応の混乱が起きるわけではない。映画での大河内清次総理大臣が率いる政権のように、保守第一党に支えられ安定した政権の下でも、的確な初動判断ができないことがある。当選回数による順送り大臣により構成された内閣は、平時の政務は滞りなく処理でき

ても、危機管理事案の発生時には迅速な対応ができないことが風刺されている。緊張感を持たない政権は防災・危機対応に弱いのである。『シン・ゴジラ』では、そのような政権の弱点を鋭く指摘し、それを一人の英雄の活躍でカバーしているのである。

映画は、主役として登場する三九歳の矢口蘭堂政務担当内閣官房副長官の動きを中心に展開する。総理大臣や内閣官房長官、内閣府特命担当大臣（防災担当）その他の大臣、危機管理の専門職として置かれている内閣危機管理監等の活躍はあまり描かれず、影は薄い。

核心を突く議論ができない関係閣僚会議、役に立つ助言ができない有識者会議の状況は、原発事故対応への風刺そのものである。観客は、福島原発事故における政府の対応と重ねて粗筋を追うことになる。

自衛隊の阻止行動も歯が立たず被害は広がり、総理官邸がゴジラの予想進路内に位置しているとして、立川予備施設にヘリコプターで移動中に総理大臣、官房長官など主要閣僚が死亡する事態も発生した。急遽設置された内閣総理大臣臨時代理のもとでの対応、アメリカ政府の強引な介入などの様々な課題を乗り越えながら解決へと向かうのである。

結局のところ、ゴジラの血液を凝固させる解決策は、矢口官房副長官の率いる官邸内に新たに設置した専従調査班が考え出し、一人の英雄が率いる集団が、既存の対応組織の能力不足を補うことで、めでたしめでたしの結末となった。

そこに現行の防災・危機管理体制の課題をみることができるが、この映画の粗筋では一人の英雄さえ登場すれば、いかなる事態が発生しても対応できるとの幻想を観る人々に与えてしまい、根本的課題である組織体制強化への取り組みには至らないのではと危惧する。

映画の世界であるから、英雄の存在なくしては成り立たないことを差し引くとしても、あらためて強く認識したのは、一人の英雄が我が国の危機を救うのではなく、如何なる事態が発生しても対応できる組織体制づくりを進めることの重要性であった。

7　防災・危機管理体制のあり方

不安定な政権運営下で発生した阪神・淡路大震災や東日本大震災、福島第一原子力発電所事故での政府対応、緊張感を喪失した安定政権下で巨大不明生物（ゴジラ）の対応に右往左往する政府対応、そこから浮き彫りになった防災・危機管理体制のあり方を整理すると次のようになる。

第一が、政府の災害対策組織運営のあり方である。

巨大不明生物が東京湾に出現してから一時間後、総理官邸四階大会議場で開催された、第一回「アクアトンネル浸水事故及び東京湾における水蒸気爆発に関する複合事案対策会議」（関係閣僚会議）の様子である。

用意された書類を順番に読み上げる各省の大臣。それぞれの大臣の後方には資料ファイルを抱えた事務方が控え、時折メモを渡す姿。大臣の報告内容には、現状の課題分析、対応方針などはほとんどなく、対応結果の報告が淡々と続く。

確かに、阪神・淡路大震災、東日本大震災、福島原発事故、さらには毎年のように発生する台風被害、土砂災

国会議事堂

害、豪雨災害の対策本部会議などの議事録を精読しても、政府の対策本部会議は処理結果の報告会でしかないと思われる。出席者の情報共有機能しか発揮していないのである。

それでは、現状把握、課題の分析、全体的対応方針はどこで協議されることになっているのだろうか。

災害対策基本法は、国の総力を挙げて災害応急対策の推進に当たらなければならないほどの災害が発生した場合に、臨時に内閣府に緊急災害対策本部（本部長　総理大臣）を設置することができるとし、緊急災害対策本部の役割として、①災害応急対策を的確かつ迅速に実施するための方針の作成、②それぞれの機関が防災計画に基づいて実施する災害応急対策の総合調整、③非常災害に際し必要な緊急の措置の実施を規定している。

この緊急対策本部にその機能が持たされているのである。緊急対策本部に期待されているのは、現状把握、課題分析に基づき、総合的視点に立った対応の協議・調整などを行うことであり、その結果として対応方針を決め、必要な緊急措置をとることになるのである。

しかし、公開されている政府の緊急対策本部会議などの記録を見る限り、現状の課題分析、とるべき対策や方針についての議論などが行われている気配がない。仮に公開されていない部分で、関係閣僚間での協議があったとしても、記録に残せない程度のものであれば、十分な対応策が本部会議の場で協議されているとは到底考えられないのである。本部会議が形骸化してしまっているのではないかと憂慮する。本部会議構成員である大臣への助言体制を充実し、本部会議の機能回復を図ることが望まれる。

ゴジラ対応でも、設置された緊急災害対策本部が機能せず、解決に奔走したのは内閣官房副長官（政務担当）であり、臨時に設置された各省選抜の「専従調査班」であった。その働きで一応の解決はしたものの、解決できたのはたまたまであったとの印象は拭えない。

阪神・淡路大震災以降、政府内の対応体制は整備が進んだが、福島第一原子力発電所事故の対応では、「各省庁の壁を越えた対応指揮、専門家集団の活用、政治家への適切な助言が行われていたのかどうか疑問」（木村英昭著『官邸の一〇〇時間』参照）と指摘されており、『シン・ゴジラ』ではそのことが風刺されている。

第二が、内部専門人材育成のあり方である。

政府内部の専門機関であっても、肝心なときに専門的な助言等ができない状態となってしまっていた事例として挙げられるのが、福島第一原子力発電所事故に対応した専門機関である。

当時、原子力の安全規制と防災対策を担っていたのは、経済産業省資源エネルギー庁の「原子力安全・保安院」と内閣府の「原子力安全委員会」、経済産業省所管の独立行政法人「原子力安全基盤機構」であった。

原子力災害対策本部の事務局長を担当する「原子力安全・保安院」のトップは、原子力の専門家でなかったために、十分に期待に応えることができなかったといわれ、政府に助言する立場にあった「原子力安全委員会」の委員長も、「水素爆発はおこらない」と言い続け、政府対応の初動が遅れた原因となったともいわれている。

原子力施設および原子炉施設に関する検査等を担っていた「原子力安全基盤機構」は、専門チームを編成して技術的支援を行ったが、その後、電力業者への検査のあり方に対する問題が指摘される事態を招いた。

いずれの機関も、事故対応の不手際などにより二〇一二年九月に廃止され、現在では、業務の大半を環境省の外局である原子力規制委員会が引き継いでいる。この体制が非常時に十分に機能するかどうかは明確ではない。

また、防災・危機管理体制の総合調整機能の面でも、阪神・淡路大震災当時の国土庁に代わり内閣府が防災業務を担っているが、主たる業務は相変わらず各省庁の縦割りで行われ、平時業務を含めて内閣府が強力な権限を持って調整しているとはいえず、また、内閣府で防災・危機管理業務に従事する職員の大半は、各省庁からの二、三年間の出向組であり、内閣府の中での専門職員はほとんど育っていないことなど多くの課題を抱えている。

第三が、外部有識者の活用のあり方である。

あらゆる分野にわたって、専門知識を有する者を常に待機させておくことは困難であるため、事案が発生すると可及的速やかに、外部有識者の助言を得られる仕組みを構築しておくことが必要である。

現状でも、防災、原子力など専門分野ごとに専門家集団が確保されているが、問題はそれらの専門家が、常に迅速な対応、的確な助言ができる体制にあるかどうかなのだ。福島第一原子力発電所事故では、原子力専門家が機能しなかったため、総理が私的な専門家を個別に招集し、それが問題になったりもした。ゴジラ出現の際に急遽招集された専門家も、有効な助言ができなかった。有識者会議そのものが無駄であったと風刺され、道化役でしかなかった。

平時に行っていないことを、最悪のシナリオが進行する中で迅速に行うことは困難だ。解決するには、切迫した事態発生時においても的確な助言ができるように、専門家との普段からの密な連携体制の構築しかないのである。

第四が、情報の収集、分析、発信体制のあり方である。

情報が初動対応の成否を決する。阪神・淡路大震災では、被災地からの情報が官邸に届かず、悠長な受け応えを繰り返す総理大臣が批判の的となった。戦後最大の被害をもたらした大地震の発生は、早朝五時四六分。そのとき総理大臣は六時〇〇分に起床、「神戸で大地震」を知ったのはテレビのニュースであった。第一報を受けたのは発生から約二時間経過後の七時三〇分。八時二六分に官邸入りするも、情報源は主としてテレビ、その後も被害の状況はほとんど入らなかった。

六時間後の一二時〇〇分、会議中に官房長官から「死者二〇三人」と報告を受けた総理が「え」と驚いたことからみても、それまでの間、総理大臣の頭の中には壊滅的な被害が出ていることなど全くなかったと思われる。最高指揮官の総理大臣のみならず、官邸全体に緊張感がなかったことから初動に遅れが出たのも当然といえる。

福島第一原子力発電所事故の場合も然りである。一四時四六分に地震が発生し、一五時二七分以降、津波が第一波、第二波と到達。その結果、一五時三七分に一号機、続いて三号機、四号機と全交流電源が喪失しているにもかかわらず、官邸は被害状況の詳細をなかなか把握することができなかった。

一時間二〇分後の一六時五五分から始まった総理大臣の記者会見では、国民の不安を払拭するために次のような説明が加えられた。

「原子力施設につきましては、一部の原子力発電所が自動停止いたしましたが、これまでのところ外部への放射性物資等の影響は確認をされておりません」。

このときすでに、世の中が震撼する事態が始まっていたのだが、総理大臣の会見はあまりにもかけ離れた内容であった。原子力発電所が津波に襲われてから原子力緊急事態が宣言されるまでの三時間余りの間、官邸には情報らしい情報が入らず、手探りの対応は後手、後手となったのである。

正体不明の生物「ゴジラ」出現に関する総理大臣の初会見でも、

ゴジラの生態が不明なまま「上陸はあり得ないので、安心してください」と断言する総理大臣。その発言が終わるのを待っていたかのように上陸し被害を拡大させるゴジラ。

福島原発事故の際の総理大臣会見をここでも風刺しているのか、あまりにも軽い総理大臣の記者会見を演出しているのだ。当時、政府の情報収集能力に懐疑心を抱き、対応そのものへの信頼をなくしていた被災者や国民の声を代弁しているに違いない。

国民からの信頼なくして防災・危機管理対応はできない。それだけに、責任者の発言は重く、軽薄な発言で多くの国民に不信を抱かれ、風評被害などを誘発し、社会不安を招かないように留意しなければならない。

第五が、政府と被災自治体との連携のあり方である。

災害規模が大きくなれば政府中心の対応になると思いがちだが、実は、自治体の果たす役割も増大する。現行制度のもとでは、災害規模の大小を問わず、住民に身近な行政を担う地方自治体の役割が大きい。しかも、広域的に被害をもたらす大災害になればなるほど、物理的な面からも、全ての被災地で政府が直接支援活動を展開することは不可能となる。大災害時には政府と自治体がより連携して支援活動を展開することが必要となるのである。

たとえば、極めて専門性の高い対応能力が問われ、また、その事故の影響が国家的危機に直結することから、政府の役割を中心に体制が整備されている原子力事故対応の場合でも、住民対策は、地方自治体などを通じておこなわれるのである。

福島第一原子力発電所事故では、原子力災害対策特別措置法に基づく「原子力緊急事態宣言」が発令された後の、福島第一原発から半径三キロ圏内の住民に対する避難指示、半径一〇キロ圏内の住民に対する屋内退避指示は、総理大臣が市町村長に対して指示し、総理大臣が住民に直接それらの指示を行っていないのである。

映画『シン・ゴジラ』では、事案発生自治体としての東京都の役割が軽く描かれていることに注意が必要である。実際であれば、八時三〇分の巨大生物出現から、一二時三〇分の総理大臣による災害緊急事態の布告宣言までの四時間は、少なくとも地元自治体である東京都が主体の対応が行われ、その情報が同時に政府に報告されることとなる。

映画の中で東京都の対応場面が出てくるのは僅か三回、総理大臣の災害緊急事態の布告までの間では二回であり、初回は「想定外の事態で、事案に対応するマニュアルが見当たらない」ために、東京都の災害対策本部が混乱している状況、二回目では知事が政府の動きが悪いことに対しての苦言を呈している場面のみである。いずれも、東京都としての主体的な対応場面ではない。

そのうえ、総理大臣官邸がシン・ゴジラの進路に当たるとして、官邸機能を立川予備施設に移管する際には、「東京都庁が機能しているので、しばらくの間、都知事に指揮を任せる」として総理大臣などが官邸を後にしてしまうが、災害緊急事態の布告が出た後、一時的であっても知事に指揮を委譲することはないだろうし、都庁も予測不能なゴジラに襲われる可能性も高いのである。このように自治体の役割を軽く描かれることによって、政府の体制のみ強化すれば、我が国の防災・危機管理体制は十分機能するとの、誤った幻想を持つ人が多くなることを案ずる。

第六が、リーダーのあり方である。

自然災害や危機管理事案が発生すると、リーダーの行動が注目される。出務の時間、被災者に対する言動、現場訪問の時期など、その一挙手一投足、一言、一言が被災者の信頼を損ねてしまうことがあり、そうなると、全ての対応に大きな影響を及ぼすことになる。それだけに、リーダーには最高責任者としての強い自覚と行動が求められているのである。

二三年前の阪神・淡路大震災では、直ぐには官邸に被害情報が届かなかった。被災地から約五〇〇キロ離れた東京で、被害の大きさを感じず危機感を持たなかった総理大臣の初動が、多くの批判を受けた。

また、福島原発事故での総理大臣も、現場情報が入らない、東京電力の対応が信頼できないと、福島の現場にヘリで向かい現場の対応に支障が生じ、自ら東京電力の対策本部に乗り込み大声で叱咤したため、リーダーとしての資質に欠けるのではないかとの批判が出た。

現場にできるだけ早く入り、被害状況を自ら把握し、現場で対応要員を激励することは、最高責任者としてむしろ奨励されることであるが、その場合でも、現場対応に支障を生じさせるような訪問は避けるべきである。訪問する時期、訪問した時の所作は注視され、リーダーとしての資質を測られることになる。

最近でも、台風が襲ってくることが予測されていたのにも関わらずゴルフに行っていた、災害時に幹部が揃って不在にしていたなど、世間の批判を受けるリーダーが後を絶たない。リーダーとしての心構えを問われるケースが多くなっているのが気がかりである。

8　防災省（庁）の設置を

政府予測によると首都直下地震が発生すると、死者数は最大二・三万人、建物被害（全壊、焼失）最大約六一万棟、避難者はピーク時で七二〇万人になるとしている。全ての機能が集中している首都圏だけに、政治・行政・経済機能が麻痺し、国民生活が混乱しているなか、阪神・淡路大震災や東日本大震災をはるかに凌ぐ難しい対応に迫られることになる。

阪神・淡路大震災、東日本大震災や映画『シン・ゴジラ』で風刺されている政府初動からの学びは、防災・危機管理体制の充実・強化の必要性であった。

我が国の防災・減災体制のあり方に関しては、二〇一七年七月、関西広域連合（連合長　井戸敏三兵庫県知事）が設置した「懇話会」（座長　河田惠昭・人と防災未来センター長）がまとめた、防災省（庁）創設の提案が参考となる。

この報告書では、今後三〇年以内に七〇％の確率で発生が予測されている南海トラフ巨大地震や、首都直下地震のような国難となる大災害に的確に対応するには、現体制では多くの課題があるとして、専任のトップを据えた専門家集団による組織体制の必要性を説いている。

防災省（庁）は次のような機能を持つ。

① 防災・減災政策から復旧・復興支援までを専門に担う大臣など専任の幹部を配置する
② バックアップ機能を考慮し、基本的には東京と関西に同じ機能を持つ複数の拠点を設置する
③ 複雑・多様化する防災・減災課題にも先を見据えた対応ができるよう専門業務ごとの部門を設置し、質と量の両面で体制を充実する
④ 災害対応の最前線を担う自治体や国関係機関等との平時からの関係を密にするため、拠点ごとに地域所管の部門・チームを配置する
⑤「防災省（庁）職員」として採用した職員の、専門性の向上を考慮した人事ローテーションを実施する

このように、強い調整機能、高い専門能力を持つ人材と、蓄積された知見を有する官庁として創設するとしている。

議院内閣制を採る限り、政治家が防災責任者に就任し、短期間でポストを替わることが多い。国民から選ばれた政治家が国民の意見を踏まえて最終的な判断をすることが好ましいとしても、専門知識を持たない政治家のみに、その判断を委ねるのには不安が残る。専門的な立場から助言を行い、的確な判断を受けて、専門的な知識・技術を活用して対応を実行に移していく体制が求められている。

防災省（庁）設置の狙いは災害発生時の迅速・適切な対応だけではない。むしろ平時の業務が期待される。各省庁が個別に実施している防災事業の調整、整備基準の無い地方自治体の「防災体制の基準づくり」、バラバラの「防災システムの平準化」等々、県下の、我が国の防災体制の弱点を解消するために政府が平時から取り組むべき課題は多い。

いま必要なのは、既存の組織や権限にとらわれることなく、国民の安全を守るとの大局に立った体制整備であり、防災省（庁）を設置し、国を挙げて強力な防災・危機対応を進めることである。

9　災害多発時代に対応する

我が国の防災・危機管理体制は、大災害が起きてその不備が指摘される都度、つぎはぎながら整備されて来た。阪神・淡路大震災以降に防災担当大臣や内閣危機管理監が置かれ、所掌も国土庁から内閣府に移ったのも、その成果ではあるが、依然、総務省、国交省、厚労省など多岐にわたる関係省庁のもとでの縦割りの防災・危機管理行政が続いている。国としての一体的で強力な体制となっていないのだ。

一方、我が国の防災・危機管理体制の強化、充実を図るためには、政府の体制整備とともに、地方自治体の対応能力の強化も欠かせない。地方自治体によって防災・危機対応力に大きな差が生じている現実を直視し、その格差解消に努めることが大切である。住民に身近な行政主体である市町村は、防災・危機管理事案対応の第一義的な責務を一律に負わされているものの、整備すべき最低限の基準もなければ、その体制整備の程度については各地方自治体の判断に任されている。そのため地方自治体により防災力・危機対応力に相当の格差が生じている。

国民等しく安全・安心を享受する権利を有するにもかかわらず、現実には住む地域による安全・安心格差が生じている。国、地方自治体が一体となってこれを是正するための取り組みを推し進めることが最優先課題である。防災・危機管理体制を四輪車に例えると、普段の取り組みと事案発生時の取り組みは前輪であり、中央政府と地方自治体が動力付きの後輪である。当然、一輪でも欠けると走ることはできない。四輪が連動してはじめて、成果を挙げることができる。

この車が防災省（庁）であり、運転するのが専任の防災大臣である。防災省（庁）を整備することが、我が国の防災・危機管理体制の充実・強化を図ることの具現であり、災害多発時代を乗り越える道である。

参考文献

朝日新聞社編『阪神・淡路大震災誌』一九九六年。
庵野秀明『シン・ゴジラ』制作発表時のコメント。二〇一五年四月一日。
関西広域連合・我が国の防災・減災体制のあり方に関する懇話会「我が国の防災・減災体制のあり方に係る検討報告書　～防災庁

（省）創設の提案〜」二〇一六年。

木村英明『官邸の一〇〇時間　検証福島原発事故』岩波書店、二〇一二年。

政策研究大学院大学・東京大学東洋文化研究所「兵庫県南部地震に際しての村山内閣総理大臣の記者会見」。

中央防災会議ワーキンググループ「首都直下地震の被害想定と対策について（最終報告）」二〇一三年。

内閣府「防災白書　平成二三年版」二〇一一年。

吉村昭『関東大震災』文藝春秋、二〇〇四年。

第2章　パニック映画にみる人命救助と正義

前林清和

はじめに

危機管理は、何のためにあるのか。

一般的には、人の命を守るため、ということが大前提になるが、そうでない場合もある。たとえば、海外で紛争が起こり、危機に直面する海外邦人救出のために自衛隊を派遣するかどうかといった場合、人道的に言えば邦人の命を救うために派遣するべきだと思われるが、自衛隊の憲法上の問題や我が国へのアジア諸国からの反発を考慮して反対する人たちも多くいる。

さらに、人の命を救うことが最大の目的として考えた場合でも、紛争や災害現場では、究極の選択を余儀なくされることがある。つまり、全員の命を助けることができれば良いが、そうではない場合、誰の命を助けるか、ということが問題となる。

このように考えると、災害の現場での危機管理についての本質的な議論がほとんどなされないままに、危機管理論が展開されているのが現状であろう。誰の命をどのように助けるかの根拠、道徳的原理についてはあまり考えてこなかった。このような課題は、単に民主主義の社会に生きる私たちが、基本としている「人権」を大切にするというような大雑把な理念では答えが出ない。

ここでは、パニック映画においてかけがえのない人命をどのように扱っているのか、また救助する際にどのような道徳的原理・原則、つまりどのような「正義」に則って行っているのか、ということを見ながら危機管理における人命の価値について考察していきたい。

1　正義について

映画を見ていく前に、いわゆる正義について簡単に説明しておこう。

正義とは何かという問いは、古代ギリシャ以来の倫理的課題であり、現在まで問われ続けてきた問題である。ここでは近代以降、民主主義、自由主義の世の中で、その中核をなしてきた功利主義とそれに対抗する義務論について述べておこう。

まず、功利主義であるが、これはベンサムによって唱えられた正義の考え方である。ベンサムによると功利主義とは、正義かどうかを判定する際に功利性をもってその判断材料とするというものである。

ベンサムは、快楽を幸福と規定し、幸福の最大化を功利性の原理とする。したがって、「最大多数の最大幸福」が功利性の原理となる。つまり、少ない人の幸せより多くの人の幸せを実現させるほうが正義だという考え方である。したがって、少数の権力者による専制的な社会を打倒し、社会全体の幸せを求めたのである。

また、社会は個人の集合であると捉え、社会の利益は個人々々の利益の総和と考える。このことからベンサムの功利主義では個々人より社会を重視することになる。

このような考え方で、産業革命以降のヨーロッパの正義は形成され、現在も価値判断や規範の原理として使われている。しかし、この考え方は社会全体の幸福が優先され、個人の幸福をないがしろにしたり、人間が単なる物としてあつかわれたりするような場面が起こる。

一方、義務論であるが、これはカントによる正義であり、社会全体の福祉のためより、個人々々の人間としての尊厳を尊重することを重視する。

カントは、人間の理性が自らの内なる道徳法則に自発的に服従することが「自律」と考え、その意志こそが「意志の自由」と捉えた。そして、道徳法則は普遍的であり、全ての人間が何かの行為を行おうとする時に同意できる行為こそが道徳的に良い行為とした。この道徳法則は、仮言命法ではなく定言命法である。つまり、「もし～ならば、～せよ」ではなく、「～せよ」というように無条件に当てはまるものでなければならないのである。

カント（肖像画）

たとえば、「人を助けるためならば、嘘を言ってもよい」ではなく「どんな理由があっても嘘を言ってはいけない」というようなことである。カントは、人間の尊厳は自律としての自由にあると考えたのである。したがって、道徳法則にしたがって行為することが正義となる。ただ、人間の尊厳を重視するということが、必ずしも多くの人の幸せということにはならない。

これらの二つの正義論は、私たちが正義を行使する際にその理論的根拠となっている場合が多いのである。

2 『シン・ゴジラ』

映画『シン・ゴジラ』は、二〇一六年に我が国で公開された「ゴジラ」シリーズ第二九作目の作品である。あらすじは、次のとおりである。

ある日突然、東京湾に巨大生物が現れた。多摩川河口から東京都大田区内の呑川を這いずるように遡上し、蒲田で上陸、北進を始めた。政府は、巨大生物を駆除すべく、自衛隊に出動を要請した。巨大生物は当初、這って進行していたが突如停止し、上体を起こし二倍以上に大きくなり、直立して二足歩行を始めた。自衛隊の攻撃ヘリコプターが攻撃位置に到着し、攻撃の指示を待機していたが、付近に逃げ遅れた住民が発見され、攻撃は中止された。

その後、巨大生物は、東京湾へと姿を消したが、上陸から二時間強で死者・行方不明者一〇〇名以上の被害を出した。

再度の襲来に備え、「巨大不明生物特設災害対策本部（巨災対）」が設置され、巨大生物（ゴジラ）の謎の究明と駆除方法についての検討がなされ、血液凝固剤の経口投与によってゴジラを凍結させる準備を始めた。

四日後に、さらに二倍近い大きさとなったゴジラが鎌倉市に再上陸し、横浜市・川崎市を縦断して武蔵小杉に至る。自衛隊は、ゴジラの都内進入阻止のための総力作戦「タバ作戦」を実行するが、傷一つ付けることができず突破されてしまう。米軍の爆撃機は大型貫通爆弾によってゴジラに初めて傷を負わせることに成功するが、直後にゴジラは、背びれを光らせて黒煙を口から吐き出し始め、それを火炎放射に変化させると東京の街の一部を広範囲に火の海に変えた後、さらに火炎をレーザー光線に変化させ、爆撃機をすべて撃墜し、市街地を破壊した。総理大臣らが乗ったヘリコプターも光線によって撃墜され、閣僚一一名が死亡する。一方ゴジラは、東京駅構内で突然活動を停止、凍り付いたように動かなくなる。

政府機能は立川に移転、巨災対では、ようやく研究が進みゴジラを凍結させる見通しが立った。国連軍の熱核攻撃開始が迫る中、ゴジラを駆除すべく、「ヤシオリ作戦」という作戦名で、日米共同作戦が開始される。犠牲を出しながらも周到に計画された複数回におよぶ攻撃と凍結剤投与が効果を発揮し、ゴジラの完全凍結に成功する。

ここで、私が問題にしたいのは、初期の段階で自衛隊のヘリコプターが、巨大生物を攻撃しようとした時に、逃げ遅れた住民がいるということで、総理が攻撃を中止したことである。

この部分の状況をもう少し詳しく説明してみよう。

巨大生物を駆除するために、首相は他の閣僚やスタッフに押されて、漸く自衛隊の武力出動を決定した。そして、自衛隊は巨大生物を駆除すべく、攻撃ヘリコプターを出動させた。民間人が避難したことを確認したうえで攻撃を開始する体勢に入った。

その時、すでに巨大生物は這うのではなく、上体を起こして二倍以上に大きくなり直立して二足歩行を始め、周囲を破壊し続けていた。射撃に入る直前、巨大生物の近くに、逃げ遅れた住民二名が確認され、攻撃可否の決断を迫られた総理は、国民に銃は向けられないと攻撃中止命令を出したのである。
この攻撃中止命令がその後の壊滅的被害への序章となった。

なぜならば、この場面では、ゴジラを駆除できる可能性は相当高かったはずである。しかし、二名の命を危うくすることへの懸念から、攻撃を控えたのである。結果として、後に数十万人とも数百万人とも思われる国民の命が失われる結果となった。

このことが予見できなかったかどうかということも問題にはなるが、あれだけの巨大生物を考えると当然被害が拡大することは予想されたであろう。だからこそ、自衛隊による武力攻撃を高度な政治判断のもと決定したのである。それにも関わらず総理は、攻撃を中止した。この理由は、正義論からすれば、カントのいうところの、義務論から説明できる。

カントは、誰にでも無条件で守らなければならない普遍的な道徳があり、人間はそれを守らなければならないとする。つまり、総理は、人間の命は無条件に守らなければならないという判断をしたということである。しかし、それでよいのだろうか。

この場合、二名の命を助けたことで数十万人、数百万人もの命が失われることになったのである。「最大多数の最大幸福」を原理原則とする功利主義からすると攻撃は中止すべきではなく、巨大生物がまだ弱いうちに駆除すべきだったのではないか。しかも、自衛隊を出動させることを決定した時点で、国民にある程度犠牲を出しても巨大生物を駆除するという方針が決定されたはずである。この時点で、功利主義の立場に立ったのである。この方針が途中でぶれたことが最大の問題であり、その後は急速にゴジラが進化して圧倒的な破壊力と防御力を兼ね備えてしまったため、取り返しのつかないほどの被害を出してしまったのだ。

この映画での正義論からの課題は、危機管理の際に義務論に立つべきか、功利主義に立つべきか、という問題とリーダーの決断能力の問題と言える。

3　『ディープ・インパクト』

『ディープ・インパクト』は、一九八八年にアメリカで制作されたパニック映画であり、巨大彗星が地球に衝突する軌道にあり、刻々とその時が迫る中、それを何とか回避しようとする人々を描いた作品である。

高校の天文部に所属するリオ・ビーダーマンは彗星を発見し、その情報を天文台のウルフ博士に伝える。博士は計算の結果、彗星が地球に衝突するとの結果を弾き出し、その情報を持って車で移動するが交通事故で亡くなってしまう。

大統領は、「ウルフ＝ビーダーマン彗星」が地球に一年後に衝突することと、衝突回避のための「メサイア計画」を発表した。「メサイア計画」とは、アメリカとロシアの合同作戦で、宇宙船メサイア号で彗星に乗り込み、核爆弾で彗星を破壊する計画だ。その搭乗クルーたちは、過酷な状況下で死傷者を出しながらも核爆弾を埋め込み爆発させることには成功、しかし彗星は大きな破片の「ウルフ」と小さな破片の「ビーダーマン」の二つに分裂しただけで、軌道を逸らすことはできず、地球へと進み続けていた。さらに爆発の衝撃でメサイアは地上との通信も途絶してしまう。

政府はメサイア計画の失敗を伝えるとともに、戒厳令、第二作戦となる核ミサイルでの迎撃による「タイタン作戦」、そしてその失敗に備えて各国が「ノアの方舟」となる地下居住施設をすでに建設していることを公表し、戒厳令を発令した。アメリカは一〇〇万人収容可能な巨大な地下施設をミズーリ州内の洞窟に建設していた。つまり国民の大半は見捨てられたも同然だった。

そして先行していた小彗星が地球に落下。一〇〇〇メートルにも及ぶ高さの津波が都市を次々に飲み込んでいく。地球に近づいたことで通信が復旧したメサイアのクルーたちは、残された核弾頭で大彗星だけでも破壊することをNASAに告げ大彗星に突入していく。作戦は成功し、大彗星の破片が光の流星シャワーとなって地球に降り注いだ。甚大な被害を出しながらも、生き残った人々は人類社会の再建を誓うのだった。

この映画における人命に関するポイントは二つある。

一つ目は、ノアの方舟計画である。彗星が地球に衝突して人類がほぼ全滅するであろうという想定の元、アメリカにおいて一〇〇万人収容の地下シェルターを建設し、そこで二年間命を長らえさせて、人類の復活をめざすというものである。

その選び方は、二〇万人が学者や医者などで、はじめに選出されている。あとの八〇万人は国民全体の五〇歳未満の中から抽選で決まるというものである。ここで二〇万人は選ばれし者ということになる。つまり、人間の命を能力や社会的価値によって選別しているのだ。また八〇万人は五〇歳未満という条件の中での抽選で決まる。

人類の復活を目指すという理由からそのミッションを達成するための人選ということで言えば、これは少数を生き残らせるのだが、その後の人類の復活という目標を実現させるためということで言えば、「最大多数の最大幸福」の功利主義的な考えに基づくものと言えよう。しかし、他人に不幸をもたらすこと自体によって得られる幸福を認めることができるのだろうか。義務論の立場から言えば、ＮＯである。

もう一つは、選ばれた宇宙飛行士たちは、自らの命を犠牲に、地球にいる人々、家族、友人たちに少しでも生き残る可能性を残したのである。

この決断には、二つの要素が含まれている。一つは、功利主義である。最小限の犠牲で最大限の幸福を得ることを選択したということである。この最大限というのは人類であり、かつ自分の愛する人のために自己を犠牲にするという気持ちとが働いていると考える。自己を犠牲にして「最大多数の最大幸福」ということを実現させたのである。

ノアの方舟（イメージ図）

しかし、功利主義を遂行するための自己犠牲を実際に行うには、主義を超えた使命感がなければならない。使命感を持つと、私の判断基準は、自分の損得勘定ではなく利他的なものとなる。その意志は強いが、使命感の純度が上がれば上がるほど私事ではないという意味で無私に近づいていく。これが社会的な使命感の場合、私のためということは消え去り、他者のため、社会のために献身的に使命を遂行することになるのである。

このような使命感がない限り、実際に危機に直面した時に、それを回避したり克服したりすることは不可能なのだ。

4 『タワーリング・インフェルノ』

一九七四年のアメリカ映画である。超高層ビル火災を描いたパニック映画である。

サンフランシスコに新たにそびえたつ一三八階建のグラスタワーが落成式を迎えた。

一三五階の会場に三〇〇名の来賓を招いた落成式が始まる頃、八一階にある物置室の配電盤のヒューズから発火し、床をくすぶらせ始めた。実は、ビル建設の責任者が、予算を減らすために行った電気系統工事の手抜きと配線の規格落ちが原因で、火災が発生していたのである。八一階の物置室は火の海となり、煙が充満して室外に煙が流れ出した。それでもなお、ダンカン（オーナー）は、消防隊が鎮火できると信じてパーティーを続けていた。

やがて消防隊が到着した。隊長のマイケル・オハラハンは、最上階のプロムナードホールへ行き、ダンカンに三〇〇人の客の緊急避難を命じた。しかたなく承知してパーティー会場を一階に移すと招待客に説明して、エレベーターで下に降りるように案内したが、その時はすでに手遅れで、エレベーターに乗って降下した招待客は、命を落としてしまった。

各階に延焼して断続的に爆発が起こり、もはや地上からの救援活動では間に合わないと考えたオハラハンは、ヘリコプターによる空からの救援を要請したが、屋上で風に煽られたヘリコプターは墜落炎上してしまった。しかたなくオハラハンは、隣接するビルから、救命かごを使っての救助を行うことにした。

ついに、予備の発電機が火を吹き、ビル全体が停電した。最上階からの唯一の避難経路だった壁面にそった外部エレベーターも降下中に爆発に巻き込まれて傾いたが、なんとかオハラハンの決死の活躍で無事に地上に降りることができた。

隣りのビルへのワイヤーで救命かごを動かしての避難によって、女性は全員避難を終了したが、全員の救命かごによる避難が間に合わないことが明らかであった。

オハラハンは、副消防署長から最後の手段として屋上にある巨大な貯水槽を一気に爆破し、その水で消火する作戦を知らされ、暗にオハラハンに志願するように指示される。助からない可能性が非常に大きな作戦であったが、オハラハンは耐火服を着て屋上に行き、貯水槽に爆薬を仕掛けた。やがて大規模な爆発が起き、瓦礫とともに一〇〇万ガロンの水がビル最上階に流れてきた。多くの人々が命を落としたが、大量の水が下階まで流れて火災は鎮火していった。

この映画も、ディープ・インパクトと同じような倫理的課題がある。

まず一つは、隣のビルへ救命かごを使って脱出させる順番についてである。映画では子どもと女性を優先させてそのなかで抽選して順番を極めて脱出させている。その次に男性が抽選を行い順番を決めて脱出するという手順になっているのだ。

これは、いわゆる社会的弱者、災害弱者を優先して助けるということである。一般的には、正しい選択であるが、ここではあえて取り上げて考えてみたい。これは義務論の考えに基づいているのであろう。つまり、公平な立場からみれば、少なくとも全員で抽選をすべきであろうし、功利主義的な立場から考えれば男性の方が手際よく脱出できるということで多くの人数を助けられる可能性が高い。なぜならば、手を貸す必要性が低くなるであろうから時間単位の脱出人数は多くなる。しかし、弱者を優先するというのは普遍的で道徳的な行為という前提のもとに行われた行為であり、結果として少人数しか救出できなくとも弱者を優先するべきなのである。まさに、義務論に基づいた行為である。

次に、オハラハンが、上司に暗に命令されて命を懸けて屋上のタンクを爆破しに行くシーンである。この上司の指示は、功利主義に基づいている。一人の犠牲で多くの人を助けるという、まさに最大多数の最大幸福を前提とした考えである。ただ、このことを本人の意志に委ねている。つまり、本人の決断による自己犠牲を前提とした最大多数の最大幸福という図式になる。

このように見てみると、この映画では二つの局面において功利主義的正義と義務論的正義による救命活動が行われており、そのことが多くの観客の同意を得ることで称賛を得ていることになる。

おわりに

三つのパニック映画における救命の場面での原理、つまり何を救命の正義としているのか、について見てきた。その結果は、ある時は義務論にのっとり、ある時は功利主義にのっとって、救命活動が行われている。どちらの原理を選択するかは、それぞれの局面においてその社会で慣習として定着してきた道徳的観念に基づくこともあろうし、情緒的価値によって決定することもあろう。したがって、どれが良いということはないが、全体としては功利主義的な立場で、より多くの命を救うことを原則としながら、社会的弱者を優先するという義務論を考慮にいれるということになるのであろう。

危機の差し迫った現場では、必ずしも全ての人を助けることができるとは限らない。少なくとも、リーダーと言われる立場にある人間は、日常から危機が生じた際にどのように対処すればよいかということを、正義を行使する人間として熟考しておくことが大切である。

参考文献

カント『プロレゴーメナ・人倫の形而上学の基礎づけ』中央公論新社（中公クラシックス）、二〇〇五年。
児玉聡『功利主義入門』筑摩書房（ちくま新書）、二〇一二年。
前林清和編著『社会貢献を考える――哲学的考察と実践研究――』デザインエッグ、二〇一七年。

第3章　日本人は国を出て、放浪の民族になれるのか？
——二〇〇六年公開のリメイク版映画『日本沈没』を観て考える——

森永速男

はじめに

一九七三年、私が高校生の頃です。小学生の頃から星を観察するのが好きだったので、大学では天文学を学びたいと思っていました。残念ながら、天文学を学べる大学に入るには学力が及びそうもなかったので、工学部で精密工学を学び天体望遠鏡の開発をしたいと思っていた頃のことでした。『日本沈没』という映画が公開されており、映画も好きだったので観ることにしました。

当時、東京大学理学部地球物理学科の教授であった竹内均先生（後に、雑誌『ニュートン』の初代編集長を務めました）が劇中に登場し、地球の表面が水平方向に動くという「プレートテクトニクス」について解説していました。静的なイメージが強く、岩石や地層といった無機的なものを扱うと理解していた「地学」の対象である地球が、実はものすごくアクティブに動く「生き物」のように感じました。天文（空）から足下の地球に興味を移し、地球のことを研究するのもおもしろいかなと思った瞬間でした。

その後、この時の思いから、大学の理学部で地球科学を学ぶことにしました。当時はまだ、「プレートテクトニクス」のことが日本の教科書に載ることが少なかった時代でした。私の通った大学では、先んじてプレートテクトニクスを学び、そういった研究に携わっていた先生方が熱心に教育をしてくれました。そのおかげで充実した学生時代を送ることができ、結果としてそういったことを教育・研究する職に就くことになったのでした。

『日本沈没』は小松左京原作のSF作品（一九七三年刊行）です。

この作品の中心的なテーマは「日本人が国を失い、放浪の民族になったらどうなるか?」という、日本人や国のリスク管理に関することで、そのリスクの原因となった出来事として「日本沈没」を題材にしたとのことです（ウィキペディアより）。

映画公開時の一九七三年頃はプレートテクトニクスのことがまだ十分に理解されていない頃なので、当然のことながら、原作にも映画にもフィクションの要素が多分に含まれていました。二〇〇六年にリメイク版が公開されましたが、このリメイク版には、その後分かってきた地球に関する種々の情報や知識が詰め込まれ、実在の先進的な観測機器などがふんだんに登場します。

原作の中心的テーマについては後半で考えることにして、まず二〇〇六年リメイク版のストーリーを紹介し、「日本沈没」の信憑性について考えていきましょう。

1 「日本沈没」と「その回避」に至るストーリー

静岡県駿河湾の地下三〇キロを震源として起こった巨大地震の被災場面から映画が始まります。

その後、この地震を受けて地震学者の集まる国際会議に場面が移ります。その中で「日本が三〇年後までに五〇％、五〇年後までには八〇％の確率で沈没する。シミュレーションによれば、四〇年後になる」との学説が外国人研究者から報告されます。太平洋の海洋プレートは日本海溝でユーラシア大陸の下に沈み込み、地下六六〇キロ（上部マントルと下部マントルの境界）付近に溜まってメガリス（最近では、スタグナントスラブと呼びます）を形成します。映画では、このメガリスが急激に崩壊し、下部マントルに落下する際、海洋プレートを、さらに地表にある日本列島も一緒に引きずり込むと説明されます。

上記の国際学会に出席していた日本人研究者・田所博士は、ＪＡＭＳＴＥＣ（現在の海洋開発研究機構）の観測船「ちきゅう」や「わだつみ６５００」（六五〇〇メートルまで潜れるという意味です）と称する深海調査船に乗り込んで、深い海の底である日本海溝などを調査します。それらの観測を通して、田所博士は地殻（地球の表面部分）やその下にあるマントルに異変を見いだします。

たとえば、日本列島がユーラシア大陸から分裂したとされる二〇〇〇万年前にマントルに落ちたメガリスの残骸が異常に早いマントルの対流に載って地表にわき出していることを発見します。

そういった情報を用いて計算機シミュレーションを行った田所博士は、日本沈没が、外国人研究者の予想する四〇年後ではなく、たった三三八日で起こることを突き止めます。メガリスが崩壊し、地殻下部にあるメタンガスによって滑りやすくなって海洋プレートの沈み込み（地中への引きずり込み）が加速するだけではなく、地殻下部がデラミネーション（分裂）を起こしマントルに落下していく。その結果、日本列島も分裂し、そして引きずり込まれて沈没するとの説を提出するのです。沈没直前には富士山が爆発し、一気呵成に日本列島が沈没するだろうと述べます。

しんかい2000

以上のような内容や説明は一九七三年公開の映画では出てきませんが、その後三〇年近く後の二〇〇六年公開版には出てきます。この三〇年間に分かってきた地球科学の知見がうまく取り入れられているわけです。

たとえば、①メガリス（スタグナントスラブ）の存在、②マントルが上部と下部に分けられること、③二〇〇〇万年前頃に日本列島がユーラシア大陸から分裂し始めたこと、そして、④海底下にメタン（メタンハイドレイト）が存在すること、などです。

また、JAMSTECの他、マントルまで掘り進むことのできる掘削機を有した観測船「ちきゅう」や深海調査船「わだつみ６５００」（実際には「しんかい６５００」のことです）といった、一九七三年当時にはなかったものも現実となっており、それらが二〇〇六年リメイク版には登場しています。

映画では、すでに述べたような理由で沈没する日本を救うべく、田所博士はN２爆弾（劇中では、核爆弾に匹敵する威力を持つ開発途中の爆弾）を用いて、海洋プレートの沈み込みによって地球内部に引きずり込まれようとしている日本列島の東側にある海底部分の地殻を切断するという方法を提案します。

その結果、ユーラシア大陸東端に位置する日本列島本体は海洋プレートによって引きずり込まれない（沈没を免れる）と考えたわけです。そのために、深い海底にN２爆弾を短時間で設置できるよう、多数の観測船の出動を世界各国に要請します。このようにして設置されたN２爆弾を起爆するために「わだつみ６５００」が深海に潜航していくことになります。

ここで大変な事故が発生します。すなわち、「わだつみ６５００」が乱泥流（海底で起こる斜面崩壊、海底なだれと呼びます）に巻き込まれ、深度三七五〇メートルの所にある起爆装置を起動させるという目的を達成できません。そこで登場するのが「わだつみ２０００」（二〇〇〇メートルまで潜航できる深海調査船で、「しんかい２０００」として実在）です。

Ｎ２爆弾の起爆装置は深度三七五〇メートルにあるわけですから、「わだつみ２０００」にとっては限界を超えた深さであり、到達不可能であることが明白です。それでも、日本をそして愛する人たちを救うために挑戦することになります。

Ｎ２爆弾は計画通り爆発し、日本列島東部の海底地殻は切断され、日本列島は海洋プレートが引きずり込もうとする力から解放されます。そして、富士山の噴火や日本の沈没が無事に回避されるという結末になります。

2　日本列島は沈没するのか？

日本列島は島の集まりですが、ユーラシア大陸の東側に位置し、大陸の一部となっています。大陸地殻を作っている岩石は主として花崗岩（御影石という名前で建材や墓石に利用されています）です。

一方、海洋の地殻は主に玄武岩（兵庫県豊岡市の玄武洞で産出することから、玄武岩と命名されました）からなります。前者の比重は約二・六で、後者は約二・九です。この値で明らかなように、両者からなる地殻を含むプレート（プレートは地殻とマントル最上部からなります）同士が衝突すると、より重い（密度の大きな）海洋プレートの方がより軽い

玄武岩

（密度の小さい）大陸プレートの下に沈み込みます。海洋プレートが沈み込む所が「海溝」で、そこでの「沈み込み」に関連して、地震が起こり（大陸プレート側に蓄積されたストレスの解放が揺れを引き起こし）、火山が形成されます。

日本列島の東側と南側にはそれぞれ、海洋プレートが沈み込む日本海溝と南海トラフ（トラフも海溝のような深い海の底であり、海溝と同義です）がありますから、日本は地震や火山の多い国土になっています。

この映画では、海洋プレートの沈み込み、メガリスの崩壊、そして地殻下部のデラミネーションにより、日本列島本体を分裂し沈没させるということになっていますが、日本列島（大陸地殻）は海洋地殻やマントル（マントル最上部の比重は三・三で、深くなればなるほど大きくなる）よりも軽い（密度が小さい）わけですから、物質の詰まった地球内部に日本列島を沈めていくのは簡単なことではありません。

水（マントルのイメージ）に浮いた材木（日本列島のイメージ）を沈めることを想像してみてください。沈めること、そして沈めたままにするためにはかなりの力が必要です。ということで、映画で描いているような、短時間での日本列島の沈没はあり得ないと考えられます。しかし、一〇〇万年とか一〇〇〇万年という時間で進行する風化浸食作用によって日本列島が削られ、海面下に没する可能性も否定できません。一方、それと同時に日本列島はプレート間の衝突によって隆起傾向にあります。ですから、どちらの作用が優勢なのかどうかを評価しなければなりません。特に論拠はないのですが、私は「長い時間をかけても日本沈没は起こりえない」と考えています。

3　日本人と日本政府の危機管理

ここまでは、「日本沈没」の原因やそれからの回避をどのようにしたのかを述べてきました。その話とは別に、映画では地上で起こっている大災害、市民や政府の対応なども同時に描かれています。

列島の分裂や沈没は北海道や九州といった周辺地域から始まり、地震や津波の発生や火山の噴火が頻発します。それに伴って、私たちのよく知っている観光名所や都市が崩れ、破壊されていく場面が多数登場します。それらの場面では、とてつもなく破局的なことが起こっているにもかかわらず、登場する日本人の多くがきわめて冷静に行動しています。

実際に、東日本大震災のような巨大災害時などで冷静に振る舞う日本人は世界的にも有名で、よく賞賛の声を聞きます。このような実際の場面を見聞きするとき、「日本人で良かった」と誇りに思え、とても幸せな気持ちになります。このような日本人気質がどのようにできあがったのかを考察して、その気質を作ってきた風土や環境をこれからも継続することが大切でしょう。

最悪の事態が進行する中、一般市民の中には、「生まれ育ったこの日本という国土とともに滅びる」という運命を、じたばたせず受け入れようとする人たちが登場します。その逆で、なんとしてでも海外に逃げて、命をつなげようとする人たちもいます。

どちらが正しいのか、判断の分かれる所だと思います。映画は、観ている私たちに「あなたならどうするの？」と尋ねているように思えます。本当の大災害時にどう振る舞うかは実際のところ分からないとしても、こういった映画を通して「自分ならどう考え、行動するだろうか？」と自問自答しておくことはとても大切です。

このような模擬体験は平時の生き方（生活態度）にも影響をもたらしており、平時の取り組みが、何かあったとき（災害時など）の行動に繋がっていくと思います。単なる映画鑑賞ですが、生きていく上で重要な危機（リスク）管理を知らず知らずのうちに実践していることになります。

この映画に登場する政府のトップである総理大臣も危機管理担当大臣も、「国民の命が最優先」との考えに立脚し、日本のリーダーとしてとても素晴らしく描かれています。もちろん彼らとは逆の、冷酷な判断と我が命が最優先の政治家も登場しますが、これもまた現実です。映画では、両者の政治家間で以下の二つの選択肢についての議論があります。

まず一つ目は、できるだけ外交を通じて速やかに避難する日本人の受け入れ交渉を行うというもの、そしてもう一つは、すでに始まっている日本沈没に伴う地震、津波、そして火山噴火などで犠牲者が時間とともに増え、結果として諸外国が受け入れてくれそうな数になるのを待つというものです。

首相臨時代理は、日本の総人口（この映画では、一億二〇〇〇万人強）のうち、沈没までの犠牲者数が八〇〇〇万人に達すると予想されることから、最終的に生き残れる日本人は諸外国が受け入れてくれそうな四〇〇〇万人になると考えます。

だから、「一年も経たず日本が沈没する」と国民に伝えてパニックを起こして国家を混乱させるよりも、「五年後に沈没と嘘をついて国民が冷静に行動するようにした方がよい」、と考えます。「なんとしてでも多くの人を救うべきだ」、だから「正確な情報を国民に伝え、また国としてはより多くの日本人を受け入れてもらうよう諸外国と交渉すべきだ」と考える危機管理担当大臣と、この首相臨時代理とどちらが正しいのでしょう。

首相臨時代理の考え方は一見理にかなった、状況に即した発想のように思えます。問題なのは、「国民に嘘を伝える、つまり真実を隠す」といった点であり、彼が考えているように事態が進まなかったときには、その点が大きな問題（汚点）として残ることになります。

危機管理担当大臣の考えは非常に優しく人間的ですが、諸外国の受け入れが確実にならないことも相まって国民にパニックを起こさせるでしょう。このように、危機管理を担っている大臣として将来の展望（計画の具体性や確実性）を明確にできていない点が問題のように思います。

4　日本人は諸外国に受け入れてもらえるのか？

では、この映画の中心的なテーマである「日本人が国を失い、放浪の民族になったらどうなるか？」について考えてみましょう。

首相臨時代理の考えを採用すれば、日本沈没に伴って日本を脱出する日本人は、結果的に四〇〇〇万人になると予想されています。この四〇〇〇万人というのはどういった数字なのでしょうか？

ＵＮＨＣＲ（国連難民高等弁務官事務所）の統計では、二〇一四年末の時点で難民（他国に逃れている難民）は一九五〇万人だそうです。また、特にシリアから他国への難民は増え続けており、二〇一五年七月に四〇〇万人を超え、二〇一七年三月時点でとうとう五〇〇万人を超えたそうです。ですから、現在約二〇〇〇万人の難民が他国での生活を強いられていると考えられます。

これらの難民のうち、第三国への定住が叶っている人たちは、二〇一五年の一年間で一〇万人程度だったそうです。つまり、一年間で一〇万人程度しか他国での安定・安心した生活へのスタートを切れていないということです。

これらの数字からも分かるように、日本沈没によって現状の二倍の数の難民が新たに世界中に加わることになり、また日本人難民すべてが世界のどこかの国への定住が叶うのに四〇〇年という、人の寿命を考慮して遙かに長い、絶望的な時間が必要となります。

現在、日本政府は難民に対してどのような対応をしているのでしょうか?

実は、日本政府は難民をほとんど受け入れていません。二〇一六年に日本政府への難民認定を申請した人の数は一万九〇一人で、そのうち認定された人の数は二八人、その他の理由で在留が認められた人（九七名）を足して、たったの一二五人の残留が認められたに過ぎません。

一方、トルコは二〇一五年に二五〇万人の難民を受け入れているということですから、難民に対する日本政府の対応が如何に悪いかがよく分かります。さらに、トルコと同様に難民に対して積極的に人道的な対応をしてきたEU（欧州連合、現在二〇数カ国が加盟しています）では難民の受け入れが大きな社会問題となってきており、現在すでに受け入れが限界に達しているとの見方もあります。

以上のような、日本政府の難民対応や国際的な状況を考慮すると、四〇〇〇万人というとんでもない数の日本人を世界各国が受け入れてくれるとは到底思えません。小松左京原作小説の中心テーマの答えは明らかで、現在（いや、未来永劫にわたって?）のこのような状況では「どうにもならない。難しいに決まっている!」となります。

5　将来の日本について考える

以上のように、この映画の中心テーマは明らかに成立しないことがわかりました。結局日本人は放浪の民族にはなれないのです。ですから、とんでもない大災害やその他で国家が危機に陥っても日本人はやはり日本にとどまらなくてはなりません。

日本のエネルギー自給率はたったの六％（二〇一二年、原子力エネルギーを国産とした場合。経済産業省のＨＰより）だそうです。また、カロリーベースでの食糧の自給率は二〇一五年度に三九％（農林水産省のＨＰより）で、半分以上を諸外国に依存しています。

このような日本の事情ですから、北朝鮮のように日本が諸外国から経済制裁を受けたとすればいろんな意味ですぐに立ちゆかなくなります。

もちろん経済制裁を受けるようなことを国内的にも国際的にもしているわけではありませんし、またこれからもする可能性はないと信じたいです。しかし、世界的な戦争が勃発したり、あるいは地球の環境などが悪い方に激変したりして、諸外国が自国民を守るのに精一杯のエネルギー資源と食料しか持てなくなったらどうでしょうか？

自国民も十分に、もしくはぎりぎりにしか守れないのに、他国民のことまで心配してくれるとは到底思えません。ですから、日本は、食糧自給率を上げるような農業政策を進めていかなくてはならないでしょう。また、きわめて難しいことなのですが、エネルギー、特に電気はできるだけ自前のエネルギー資源を使って、さらに種々の方法で作れる体制を持っておく必要があるのではないでしょうか？

つまり、何らかの大災害や国内的もしくは国際的な事情が変化しても、日本人が日本の国内で可能な限り自給自足できるような体制を模索し、準備していく必要があると思います。この映画はこのようなことを日本政府や日本国民に問うていると考えることができます。

6 「日本沈没」回避をあきらめない日本人の心

危機管理担当大臣は「日本人を一人でも多く救いたい」との思いを田所博士に打ち明け、「何とかならないか？」と相談します。田所博士のアイディアは、すでに述べたように、日本列島東側の海底部をN２爆弾で切断し、列島本体（ユーラシア大陸の東端）が海洋プレートに引きずり込まれないようにするというものでした。

これを実行するためには、諸外国が有するＪＡＭＳＴＥＣの「ちきゅう」のような深海掘削船がたくさん必要になります。この交渉はきわめて難しいことですが、危機管理担当大臣は政府（首相臨時代理）の方針を無視して自分の判断で諸外国と交渉し、それを成し遂げるわけです（映画では、その成功の顚末は紹介されず簡単に達成されています）。この映画では、危機管理担当大臣のみならず、「日本沈没」回避のために自分の地位や命までも犠牲にして国や国民のために行動するとても素晴らしい人がたくさん登場します（もちろん、その逆のイメージを持った人も登場します）。そのような愛あふれる登場人物の存在を、特に不思議なことではないと感じる私たちの感覚そのものが「日本人の素晴らしいところ」だと思いませんか？　この映画をご覧になって、皆さんはどのように感じた（感じる）のでしょうか？

まだ、ご覧になっていない方はぜひご覧いただき、考えてみていただけたらと思います。ただし、安心して観てください。日本列島は沈没しないので。

7　巨大災害前の復興計画の重要性

この映画で最後まで比較的無事だったのは首都圏になっています。大きな災害が起こったとき、本当にそのように状況になるでしょうか？　また、首都圏は巨大災害に襲われない地域なのでしょうか？

そうではないですよね。一九二三年には関東大震災がありました。内閣府HPの防災情報のページに、二〇一三年十二月に中央防災会議がとりまとめた「首都直下地震の被害想定と対策について（最終報告）」が載っています。その中には、南関東地域でマグニチュード7クラスの地震が三〇年で七〇％くらいの確率で起こると推定しています。つまり、首都圏は東海地震（三〇年で八八％）や東南海（三〇年で七〇％）、そして南海地震（三〇年で六〇％）と同等の確率で大きな地震が起こると考えられている地域なのです。

かねてから日本では首都機能の移転や分散が言われてきました。特に、一九九五年の阪神淡路大震災や二〇一一年の東日本大震災後には、首都機能の移転・分散に関する議論が盛り上がりました。でも、やはり「のど元過ぎれば、熱さを忘れる」の言葉通り、現在ではその議論も低調です。

上述の中央防災会議の最終報告書には、首都機能の今後の移転や分散については一切記載されていません。残念なことですが、今のところあまり考えていないことがわかります。営利を効率よく求める企業ならともかく、首都機能、特に危機管理に対する部署は東京になくても良いように思えます。

関東大震災

この映画で、首都圏が最後まで残ったのとは違って、上述のように東京はもっとも安全な場所ではありません。もちろん、日本はどこにでも大災害の起こる可能性はあります。ですから、首都機能を一箇所に集中させていることは大きなリスクとなるので、分散するとか大切な部署や機能を複数化しておくことがきわめて重要です。

この映画では、政府にしかできないことや、政府がすべきことがたくさんありました。もし、最も先に東京が崩壊したら、この映画の結末である日本沈没回避は不可能だったのではないでしょうか？

二〇一七年二月に、関西広域連合（連合長は井戸敏三兵庫県知事）は南海トラフ地震や首都直下地震に備え、国に「防災庁（仮称）」の創設を提案するための報告書（たたき台）をまとめています。

その中で、①防災庁の業務を東日本と西日本に分けて所管し、それぞれが災害対応支援調整などを担当する、②複数の拠点を設置し、機能により役割分担（東京：総合的な政策企画・調整等、関西：人材育成や災害検証等、東北：東日本大震災からの復興等）、そして、③首都直下地震など大規模災害時も国レベルの円滑な対応を図れるよう、関西に東京のバックアップ機能を付与といった役割や機能の分散化、を提案しています。

このような我が国の防災・減災体制のあり方に関する検討はきわめて重要です。関西広域連合の提案に基づいて日本政府でしっかりとした議論を行い、重要な首都機能の分散化を進めていって欲しいものです。

また、この映画では、日本沈没回避後の復興過程については何も語られません。沈没とその回避をテーマにして作ったのですから、仕方ありません。映画の最後で危機管理担当大臣の勇気ある決断が称えられ、また登場人物の多くが安堵の表情をしていましたが、本当にそうなるのでしょうか？

映画のラストのように日本沈没が回避されたとしても、復旧・復興にはとてつもない時間、資金や資材が必要になります。また、日本中のあらゆる地域が被災しているためどこから手をつけていったらいいのか、ちょっと考えただけでも目がくらみます。

私が知る限り、実際の阪神淡路大震災や東日本大震災では、地震や津波が襲来した後の被災者にはまったく笑顔はなかったのではないかと思います。すべてのものを失い、これから元の生活に戻していくことを考えたとき、その道のりの大変なことを想像して多くの被災者が絶望していたように思います。

こんなに苦しく困難が予想される復興過程にこそ、被災地を力強く復旧・復興させるリーダーが必要になります。また、この映画に描かれた巨大災害を想定した（想定外を想定した）上で、事前に復興計画を練り、復興の道筋をシミュレートしておくべきではないかと思います。

上述の中央防災会議がとりまとめた最終報告書には、被害想定や問題点を考慮して復興計画などが記載されています。これらに首都機能の移転や分散を盛り込み、力強く、そして愛溢れるリーダー（首相？　復興担当大臣？　地方自治体の首長？）が、被災地の復興までの長い道のりを、被災していない元気な周辺地域を拠点に進めていくべきだと思います。

以上のように、『日本沈没』を「単なるＳＦ映画である」とみなすのではなく、将来起こる可能性がありそうな災害や戦争に対する「備えの大切さに気付くための映画である」と考えるべきではないでしょうか？

第4章　映画『八甲田山』から学ぶ危機管理

中田敬司

はじめに

映画『八甲田山』は一九七七年、橋本プロダクション・東宝映画・シナノ企画の三社によって制作され、東宝により配給された日本映画屈指の名作と言われている。

一九〇二年（明治三五年）一月に日本陸軍第八師団の歩兵第五連隊が青森市街から八甲田山の田代新湯に向かう雪中行軍の途中で遭難、多くの死者が出た。「八甲田雪中行軍遭難事件」とも呼ばれるこの出来事は、訓練への参加者二一〇名中一九九名が死亡（うち六名は救出後死亡）するという、日本の冬季軍事訓練における最も多くの死傷者が発生した事故であるとともに、近代の登山史における世界最大級の山岳遭難事故となった。映画『八甲田山』はこの大惨事を映画化したものである。

映画の制作に当たっては、過酷な気象条件の八甲田連峰で数多くの俳優、スタッフが苛烈な猛風雪の寒冷環境に懸命に耐え、また青森県民や自衛隊関係者の惜しみない支援と並々ならぬ努力によりこの映画が完成に至ったという。それだけにこの映画の内容はもちろん大いに価値ある作品の一つとも言えるだろう。

1　八甲田連峰と豊かな自然

(1) 八甲田連峰

八甲田山は、青森県中央部に位置する山で、北八甲田（八甲田大岳一五八五メートルを主峰に高田大岳、井戸岳、赤倉岳、前岳などの一〇峰）、南八甲田（櫛ヶ峰一五一六メートル、下岳、駒ヶ峰、猿倉岳）などが連なる連峰であり、その総称が「八甲田山」である。

(2) 豊かな自然環境

山は円錐状か台形状になっており、中でも、高田大岳と両側に同じ間隔である小岳、雛岳と噴火口のない三峰が連なっており、火山帯としては珍しいものとされている。

また八甲田連峰は四方に裾を開くような形状から川が多く流れ、いたるところに渓谷や滝がよく見られることでも有名で、火山のなごりとして、地獄沼などの噴気孔跡や温泉も数多く存在している。

標高一〇〇〇メートルくらいまではブナの林、それより上はアオモリトドマツなどの針葉樹が主体となり、一四〇〇メートルより標高が高くなると高山帯で、ハイマツの群生となりナナカマドやミヤマハンノキなどの低木が混成している。さらに多数の湿地帯があることも一つの特徴と言える。

このように豊かな自然に恵まれた八甲田連峰に、農閑期には農業従事者の方々、冬にはスキー客が、夏には登山客や観光客が訪れ、南に位置する十和田湖と共に東北観光のメインポイントの一つと紹介されている。

先にも述べたようにこの「八甲田山」で大惨事が発生した。これは当時の陸軍の訓練によるものだったが、このことが全国的に知れ渡ったのは映画『八甲田山』が公開されてからである。

2　映画『八甲田山』、物語の概要

（1）雪中行軍の目的と実施の決定

日露戦争を目前にした明治三四年一一月、帝国陸軍は寒地装備・寒地教育の必要性を痛感していた。もし日露戦争が開戦し、艦砲射撃により青森から弘前間の鉄道が破壊された場合は、八甲田を踏破して相互に物資を輸送しなければならなくなる。そうした中、寒さと雪を熟知しているロシア軍と戦うためには、厳冬期の八甲田を踏破し、寒さとは何か、雪とは何かを調査研究する必要があり、その開戦はすでに仮定の域を越え、早急な対策が求められていた。

会議の席で第四旅団長友田少将は、青森歩兵第五連隊（以下青森五連隊）の神田大尉（北大路欣也）と弘前歩兵第三一連隊（以下弘

八甲田山の遠景

前三一連隊）の徳島大尉（高倉健）に、冬の八甲田山へ挑むよう直接声をかけ、両大尉は八甲田山に向かう決意をする。

雪中行軍は、青森五連隊と弘前三一連隊の双方がそれぞれの拠点から出発し、八甲田ですれ違うという大筋のみが決定され、詳細は各連隊独自の編成、方法で行うこととなった。

（2）青森五連隊と弘前三一連隊、二人の行軍指揮官

青森五連隊の行軍指揮官は神田大尉である。最大の難所である青森～田代～三本木間の雪中行軍を片道約四〇キロ、一月二三日より一泊二日、積雪等の状況により二泊三日の予定で計画された。編成は中隊編成とともに編成外として大隊本部が随行する形となった。

編成外の随行隊責任者は神田大尉より階級が上位でもある青森五連隊大隊長山田少佐であった。このような大人数の編成になったのも、山田少佐の「弘前三一連隊に負けたくない」といった思いと共に「青森五連隊全体が参加する形にしたい」との考えによるものである。

一方、弘前三一連隊の行軍指揮官は徳島大尉である。弘前三一連隊は「弘前～十和田湖～三本木～田代～青森～浪岡～弘前」の約二四〇キロのルートで一月二〇日より一〇泊一一日の行程で計画された。編成は小隊編成にも満たない三〇数名の編成とした。連隊相互の約束から、八甲田で相互の連隊がすれ違うためには、こうした迂回計画を取らざるを得なかったからである。

さらに徳島大尉は上官への行軍計画案の報告の際に、上官から行軍の編成について、軍隊の小隊にも満たない参加人数の少なさに苦言を呈されるが、冬の八甲田山の恐ろしさとともに雪中行軍は死を覚悟していかなけ

ればならないことを示し、その了解を取り付けた。

雪中行軍に向けて準備中のある日、神田大尉は雪中行軍を経験していた徳島大尉に教えを請けるため弘前の徳島大尉の自宅を訪ねる。神田大尉は、徳島大尉からの書類や図を確認し、丁寧に書き写し説明を受け、二人は八甲田山での再会を硬く約束して別れる。

(3) 青森五連隊、雪中行軍出発

一月二三日、計画通り青森五連隊は青森連隊駐屯地を出発。田茂木野において小休止中の青森五連隊に対して、八甲田山の恐ろしさをよく知っている地元村民と村長が行軍の中止を進言する。と同時に、もしどうしても行くならと案内役を引き受けると申し出る。これは事前の調査で神田大尉が雪中行軍について村長に話をしていたことによるものだった。しかし山田少佐は、行軍指揮官神田大尉に相談することもなくこれを勝手に断り、地図と方位磁針のみで厳寒期の八甲田山踏破を行うこととなった。

途中の小峠までは大きな障害もなく進軍できたが、大隊編成のため必要とされる大量の食料や資機材を搭載したソリ隊に遅れが出始める。

ここで休憩とし昼食を摂るが、天候が急変し、暴風雪の兆しがあったことから、軍医の進言により、将校の間で進むか退くかの協議を行う。一部将校は装備の不安と天候がさらに悪化することを恐れ、行軍中止を検討するが、「困難を乗り越えていくことに雪中行軍の意義がある」と述べる下士官を中心とする兵たちに押し切られ、行軍を続行することとなった。

（4）悪化する天候と露営

悪化する天候と強風・深雪などの困難な中をようやく大峠から馬立場まで進軍した。ここから鳴沢に向け積雪量が格段に深くなり、そのことが影響して行軍は速度が落ち、特にソリ部隊は本隊より大幅に遅れることが予想された。行軍指揮官神田大尉は第二、第三小隊をソリ隊の応援に向かわせると同時に、田代方面に斥候を兼ねた先遣隊を向かわせた。そしてこのころから大隊長山田少佐が部隊に号令をかけ始める。

さらに馬立場から鳴沢へ向かう途中、行軍全体の遅れの原因となるソリの放棄を決定した。また先行していた先遣隊も進路を発見できず、道に迷っていたところを偶然にも本隊と合流した。また第二の斥候部隊を派遣したが、日没と猛吹雪により田代方面への進路も発見できなくなったため、やむなく部隊は露営を余儀なくされた。

将兵は雪壕の側壁に寄り掛かるなどして仮眠を取ったが、厳しい風雪で気温が一気に下がった。この状態で眠ると凍傷になり、さらに多くの将兵が寒さを訴えていることから午前二時頃、部隊の帰営を決定し露営地を出発することとなる。この決定は山田少佐の独断によるもので、この際、神田大尉は「暗闇の中で帰路を見つけるのは困難。夜明けを待つべき」と山田少佐に訴えるが聞き入れられなかった。神田大尉は指揮統制の乱れに、「雪中行軍の指揮権は誰に」と思いながらも帰路は自らが切り拓く、と決意する。

（5）馬立場へ、田代へ、そして遭難状態に

露営地を出発した雪中行軍隊は馬立場を目指すが、午前三時半頃に鳴沢付近で峡谷に迷い込んでしまった。

やむなく前露営地へ引き返すこととなるが、田代への経路がみつかった、という情報を入手した山田少佐がよく確認もせず突如方針を変更。部隊に田代へ向かうよう指示を出した。ところがさらに道を誤ってしまい、駒込川本流の沢にたどりつくことになる。この頃にはすでに全員が著しく疲労困憊しており、隊列も整わず統制に支障が出始めた。引き返そうにも元来た道は吹雪により消されており、部隊はここで完全に遭難状態となってしまう。

(6) 崖登りと彷徨

行先がわからなくなった部隊は、仕方なく駒込川渓谷の崖を登ることになった。ここで崖を登れず落伍する兵、また怪我をする兵が出てしまう。さらに一人の兵が卒倒、凍死した。部隊はなんとか崖を登って高地に出たが、猛烈な暴風雪に曝されることとなり、以後、部隊は安全な場所を求めて彷徨することになる。暴風雪の中、多くの兵が凍死、または落伍していった。夕方頃に鳴沢付近にて凹地を発見し露営となったが、統制が取れない上、雪濠を掘ろうにも道具を所持していた隊員が全員落伍して行方不明となり、吹き曝しの露天に露営する状態となる。ここでも多数の将兵が昏倒し凍死が続出していく。

意識を強く持ち、冷静さを保っていた行軍指揮官神田大尉もすべての行き場を閉ざされ「天は我々を見放した」と叫ぶ。しかし、この現状に危機を感じた倉田大尉が部隊に声をかけ士気を高めるとともに、神田大尉を励ました。神田大尉もさらに力を振り絞って行軍を続けると共に、傍で歩いていた衛藤伍長に田茂木野に向かい救援隊を要請するよう指示を出した。

（7）弘前歩兵三一連隊の雪中行軍

一方、弘前三一連隊は反対方向から八甲田山を目指し、青森五連隊よりも三日早い一月二〇日に弘前を出発した。案内人を経由地で随時雇い、その案内をうけながら、行軍を実施した。一月二七日朝、増沢を出発し田代を目指したが田代へ到達できず、空小屋で休息と食事を摂り、朝を待った後に不眠のまま鳴沢から田茂木野を経由し青森までの強行軍を行った。

その行程の中で、凍死している神田大尉の従卒長谷部に遭遇した。長谷部は弘前三一連隊の雪中行軍隊齋藤伍長の義理の弟にあたるため、部隊は現場で弔いを行った。ここで弘前三一連隊はさらに行軍を続けるが、それと同時に、青森五連隊が大変なことになっていることを認識する。

（8）冬の八甲田での再会と青森駐屯地

さらに進軍する弘前三一連隊が田茂木野に差し掛かった

『八甲田山』弘前31連隊雪中行軍隊

際、徳島大尉は、舌を噛み切って凍死している神田大尉を発見する。雪の八甲田で会おうと約束した二人はここで再会したことになる。

一月二九日、弘前三一連隊は早朝に青森に到着。地元の歓迎を受けたのちに一月三一日、弘前に到着。予定よりも一日多い一一泊一二日の行程ではあったが、故障のため中途で帰還した一名を除き全員が無事雪中行軍を完遂した。

一方、青森では帰営予定日の翌日になっても雪中行軍隊から何の報告もないことから、行軍隊の確認に入った。三本木警察に電話をいれたが、警察は弘前三一連隊と青森五連隊とを勘違いし、連隊の確認がとれなかった。ここで青森駐屯地は事態の深刻さに気付き、大掛かりな救援隊の派遣を決定した。一月二七日救援隊は捜索活動中、雪中に佇立する衛藤伍長を発見し、その証言により青森五連隊の雪中行軍隊の遭難が判明し、映画『八甲田山』は終焉を迎える。

3　組織論の観点

(1)　検証にあたって

遭難原因は諸説あるが、決定的な原因ははっきりしていないといわれている。

なお映画では山田少佐が無謀な上司として描かれ、青森五連隊の組織や指揮系統の乱れの問題が遭難原因の一つになっているが、これらは映画としての演出、創作であり史実とは異なることを申し添えておきたい。ただ今回は

「映画から学ぶ」ということから、本作品に描かれた内容を中心に検証をすすめていく。

（2）組織論からの検証

a　共同体組織と機能体組織

本映画の検証ポイントとして、組織論からの観点で考えてみたい。
組織論の中で、組織は、共同体組織と機能体組織の二つに区別され、共同体組織は、家族やサークルなどメンテナンスに機能が主体、一方、機能体組織は、企業、軍隊、政党等をいい、タスク機能が求められている。本作品はまさに後者の軍隊、つまり機能体組織を描いたものである。

b　組織目標達成要件

また、組織論では、組織目標達成要件として、①優れたリーダーの存在、②組織目標が明確であること、③目標に向かって一致団結すること　④成果、情報が共有化されていること、と示されている。こうした観点でも検証していきたい。

c　組織の組み合わせ

さらに、機能体組織の組み合わせとして、①優れたリーダーと優れたメンバー、②優れたリーダーと劣ったメンバー、③劣ったリーダーと優れたメンバー、④劣ったリーダーと劣ったメンバーの四つの組み合わせがある。その中でどの組み合わせが組織目標を達成できないか、もしくは組織崩壊の可能性が高いかといえば、③の劣ったリーダーと優れたメンバーの組み合わせである、と示されている。

それは、リーダーの役割を考えることから始まる。その大きな役割の一つは正しい方向や方針を指し示すことである。よって劣ったリーダーは、その逆で結論として誤った方針を指し示すこととなる。

またここで示す優秀なメンバーとは、方針にしたがってきちんと仕事をしていく能力のあるメンバーのことを言う。よって劣ったリーダーと優れたメンバーの組み合わせは、誤った方針にしたがってきちんと仕事をしていくことになり、組織として大変な事態を招くことになることが考えられる。

つまり軍隊のような、機能体組織のリーダーは、組織を正しい方向に導くために、謙虚な姿勢で勉強し、様々な人の意見に耳を傾け、人から信頼されるような人物となるべく日々努力していくことの必要性を示しているといっても過言ではない。

また、佐々淳行『危機管理のノウハウ PART 1』によれば、ダブルイーグル（指揮官複数）は失敗するとも述べられている。

d　TMI理論

組織の機能としてTMI理論がある。Tはタスク機能、つまり目標達成・課題解決機能、Mはメンテナンス機能、組織維持機能、Iはインディビデュアルビヘイビア機能、組織を破壊する私的欲求行動と言われている。

組織の機能はタスクとメンテナンスのバランスが重要で、I機能が組織内に出てくると組織は生産性が低下すると共にうまく機能しなくなるとも言われている。

これらの観点を踏まえて、映画の内容を総合的に検証していく。

4　検証と危機管理

（1）組織編制について

青森五連隊は中隊編成とともに編成外として大隊本部が随行する形となった。

行軍指揮官神田大尉は、人数をなるべく少なくする編成を検討していた。それは過去の雪中行軍の調査から大人数での行軍は難しいと考えていたとともに、自身が行軍隊全体を掌握するのにふさわしい人数規模を考えていたのではないかと考えられる。

しかし神田大尉より階級が上位である大隊長山田少佐の進言によって、中隊編成、さらに大隊本部随行の編成になる。これは連隊の面子とともにさらに連隊全体が参加する形にしたいという理由からである。

命令に忠実な神田大尉は上官からの進言について、不信感を抱きながらも、それを受け入れる。その結果、大人数で行軍することになり、多量の食料や燃料を積んだソリ隊が行軍の歩みを遅らせることとなり、ついにはそのソリを放棄することとなる。

神田大尉は、まさに前述の優れたリーダーとして、映画では表現されている。雪山の情報を得て、その行軍が成功するように計画を立てていたが、山田少佐の私的欲求に基づく発言、つまりI機能ともいえる発言が誤った行軍の計画策定につながったと考えていいだろう。

一方、弘前三一連隊の編成は、距離は長かったものの小隊編成にも満たない三〇数名の編成としている。その分、指揮官の人員の管理や統率力も維持ができ、また機動性は保てたと考えられる。また、過去雪中行軍の経験もあり、雪山を研究し熟知している指揮官徳島大尉の考えが充分に反映された計画となり、その計画遂行にはなんら組織的障害はなかった。

人数の編成については、大人数の場合と少人数の場合では、それぞれに利点と欠点があるが、このような雪中行軍を試みる際の人数編成については適切な人数規模を検討すべきであり、連隊の面子や組織の責任者の個人的思いを中心に組織編成を計画したことは問題だったと考える。

雪中行軍隊の計画は極めて重要な案件だけに、指揮官として指名されている神田大尉も率直に山田少佐に強く意見を述べるべきだった。しかし山田少佐は謙虚に意見を聞き入れる人物だったかと言えば、そうではない人物として映画では描かれている。

(2) 案内人について

見知らぬ土地や地域については、現地の人々が多くの情報を持っている。よって見知らぬ地域に赴く場合は、その地域に詳しい人から情報の提供を受け、また案内を受けることが必要である。

青森五連隊は、山田少佐が、案内を申し出てきた村人を指揮官神田大尉に何の相談もなく断ってしまう。ここでもまた山田少佐のI機能が露呈した。この瞬間から、青森五連隊はかなり厳しい行軍をせざるを得ない状況になってしまったと言えよう。雪の八甲田の恐ろしさを知らない山田少佐の軽率な行動だったと言わざるを得ない。またこの場面が最初の指揮統制混乱の始まりでもあった。

青森五連隊の雪中行軍の指揮官は神田大尉である。しかし山田少佐のほうが職位も階級も上位であることが、神田大尉にとって難しい対応を迫られた。

もしここで山田少佐が優れたリーダーであれば、村人が来た時にそれを神田大尉につなげ、仮に神田大尉に意見を申し述べたとしても、最終的な行軍に関する意思決定は神田大尉に任せる、といった姿勢を取ることができただろう。

一方、弘前三一連隊は、随所に案内人の先導を受け八甲田を踏破していった。また、案内人に対する敬意も連隊として表現している。

今回の映画は案内人の存在の重要性が克明に描かれており、両連隊の対比もわかりやすく表されている。

(3) 気象関係情報の評価と冷静さを失った組織

雪中行軍が行われた時は、冬季に典型的な気圧配置だったことは映画の中でも認識できる。「大暴風雪の予報」や、「よりによって山の日に……」などのセリフがその状況を物語っている。

特に進軍中、気温が一気に低下したことをどのように部隊が評価したかがポイントではあるが、雪中行軍中止の選択肢に対して、部隊からは、「困難を乗り越えていくことに雪中行軍の意義がある」といった精神論を前面にした反対意見が出された。行軍幹部はそうした場合でも、反対意見を受け入れつつもきちんと事情を説明し、その反対意見を説得する必要があった。

また軍隊という機能体組織であることから、場合によって指揮官は英断し、「行軍中止は命令だ」といった強い形で示すこともできただろう。指揮官は冷静さを失いかけている組織に対して、状況に応じて勇気ある意思決定が必要になる。

時に応じて、精神論は必要であるが、冷静に状況を把握し評価し、対応する必要があった。冷静さを失った組織の危険リスクは一段と高くなると考えてよい。

（4）指揮系統の混乱

青森五連隊の遭難の最大の原因はこの指揮系統の混乱にあると言える。

前述のようにまさに「劣ったリーダーと優れたメンバー」の組み合わせとなってしまった。またダブルイーグルと言われる二人の指揮官が存在することとなり、組織は混乱する。事前に八甲田を調査し、その恐ろしさや困難さを理解している神田大尉の評価や判断、意思決定が、それを知らない山田少佐にことごとくつぶされていった。厳しい行軍中、行軍指揮官である神田大尉が「雪中行軍の指揮権は誰に……」と思ったことに指揮系統の乱れの全てが表れている。

映画では、当初の行軍の計画、案内人からの情報と案内人の確保、露営からの夜の出発等は指揮系統の混乱の出来事として描かれていた。

（5）成果・情報の共有化について

衛藤伍長の証言により、青森五連隊の雪中行軍隊の遭難が判明する。その情報が弘前の駐屯地にも伝わり、弘前三一連隊の責任者は「ただちに雪中行軍は中止する」を宣言するが、その直後「しかし、徳島大尉にこのことをどうやって……」と語る。

驚いたことに前線に出ている行軍隊との連絡手段もないままに八甲田山に送り込んだことになる。もちろん、現在と異なって通信環境は整っていなかったと考えるが、様々なポイントで行軍隊の状況を把握する環境が必要だった。つまり情報の共有化については課題が浮き彫りになったということである。

青森五連隊にあっても、情報の共有化の体制を整え、もう少し早く行軍の危機が駐屯地に伝われば、ここまでの被害にはならなかったように考えられる。

(6) その他

また、弘前三一連隊行軍指揮官徳島大尉のセリフの中に困難を乗り切っていく組織の在り方を示す興味深いものがあった。それは凍死している神田大尉の従卒長谷部に遭遇した際の場面である。兄にあたる弘前三一連隊齋藤伍長は「弟を一緒に連れて行ってやりたいので許可を」と徳島大尉に懇願するが、徳島大尉は「気持ちは分かるが、これから田茂木野までまだまだ難関がある。弟を背負った貴様が倒れ、倒れた貴様を背負った誰かが倒れることになれば、いずれ我が隊は全滅する」と応えていることだ。

難関を突破していくためには、一人一人の役割をきちんと果たすとともに、負の連鎖が起きないよう最大限の配慮が必要であることを示唆していると考えられる。

おわりに

先に述べたように映画『八甲田山』は不朽の名作と言える。

それと同時に、危機管理や組織論の観点から評価すれば多くの教訓が映画に反映されており、教育研究機関に勤務している私にとっては教育的効果の高い教材であるとも思っている。

ここで留意すべきは、どちらが成功した部隊だったのか……と言うことである。この問いに対して多くは「弘前三一連隊」と答えそうであるが、観方によっては一概にそうとは言えない。

なぜならば、青森五連隊の尊い犠牲があって初めて日本陸軍は真剣に、寒地装備や訓練に取り組むことになったからである。それまでは恐らく、雪山に対して漠然とした恐ろしさがあった程度で、具体的にどのようになるのかはわからなかったに違いない。だから、今回の訓練は実験的要素があったのである。その結果、青森五連隊は当初の目的である「雪とはなにか、寒さとはなにか」について、身を以て明確な答えを出したことになった。

一方、弘前三一連隊は無事八甲田を踏破した。つまり、雪山を越えていくにはこうすればうまくいく、を示した、ととらえるべきだろう。

よって、いずれの部隊も形は違うものの、その役割を充分に果たしたとも考えられる。

ここで、私たちが考えるべきは、この映画は明治三五年一月に日本陸軍第八師団の歩兵第五連隊が青森市街から八甲田山の田代新湯に向かう雪中行軍の途中で遭難した痛ましい歴史上の事実であるということだ。それを記録した『雪中遭難記録写真集』によれば、凍傷で膝から下や肘から先を失った多くの将兵の痛々しい写真が掲載され、また幸畑陸軍墓地には二一〇名の英霊が眠っている。まさに八甲田山での寒さ地獄の壮絶さを感じざるを得ない。

さらに八甲田山には、仮死状態で発見された後藤伍長（映画では衛藤伍長）の像が建立され、後世にこの出来事を伝えている。雪中行軍にて亡くなられた方々に哀悼の誠をささげると共に、私たちはこうした先人たちの残してきた教訓を無駄にしないようにしていきたい。

そして映画『八甲田山』は特に、部下を持つ立場になった人や、人を指導する立場になった人が必ず見るべき作品の一つであることを申し添えておく。

参考文献

DVD『八甲田山雪中行軍遭難事件の真実に迫るドキュメンタリー「八甲田山」 原作「吹雪の惨劇」小笠原孤酒』

P・ハーシイ、K・H・ブランチャード、D・E・ジョンソン『入門から応用へ 行動科学の展開』、生産性出版、二〇〇三年。

「特集 気象遭難 低体温症の恐怖」『山と渓谷』山と渓谷社、二〇一〇年九月号。

小笠原孤酒『八甲田連峰 吹雪の惨劇 第一部』銅像茶屋、一九八八年。

小笠原孤酒『八甲田連峰 吹雪の惨劇 第二部』銅像茶屋、一九八八年。

小笠原孤酒監修『青森歩兵第五連隊 雪中遭難記録写真集』銅像茶屋、発行年月日不明。

佐々淳行『危機管理のノウハウ PART 1』PHP文庫、二〇〇一年。

高木勉『八甲田から還ってきた男 雪中行軍隊長福島大尉の生涯』文藝春秋（文春文庫）、一九八六年。

常松民著、田舞徳太郎監修『ザ・マネジメント虎の巻』コスモ教育出版、二〇〇〇年。

新田次郎『八甲田山 死の彷徨』新潮社、一九七一年。

山下康博『指揮官の決断 八甲田山死の雪中行軍に学ぶリーダーシップ』中経出版、二〇〇三年。

第5章　映画『日本沈没』に見る、日本の危機管理意識

安富　信

はじめに

まず初めに。人間の、いや私自身の記憶のいい加減さを思い知った。

今から四五年前、一九七三年と言えば、私が高校三年生。原作の小松左京さんは兵庫県立神戸高校の先輩でもあり、当時この作品は、同級生らの間でも評判を呼び、映画が公開されて間もなく観に行った記憶がある。先に原作を読んだと思う。高校三年当時と言えばＳＦブームで、星新一さんや小松さんの原作をむさぼるように読んでいた時代だ。だから、記憶には自信があったはずだ。

映画『日本沈没』は一九七三年公開のものと、阪神淡路大震災（一九九五年）後の二〇〇六年公開のリメイク版があるが、この拙文では敢えて一九七三年公開版を基本に論じたい。というのも、阪神淡路大震災が起きるまでの戦後日本の危機管理意識と、震災後ではずいぶん違ったものになると思ったからだ。その流れで意外にも手間取ったのが、一九七三年公開版が観られないこと。二〇〇六年版は、実は決して良くないことだが、比較的安価に手軽に観られる。それに比べて、一九七三年と言えば、当たり前の話ではあるが、ＤＶＤではなくビデオ、それもＶＨＳ

ビデオの時代だ（いやベータ版もあったかもしれないが）。レンタル店でずいぶん探し回ったが、ない。ようやく、ネットから有料でダウンロードする方法に気付き、ｉＰａｄで観た。

1　映画のあらすじ1

少し、あらすじを紹介しよう。

海底開発会社に勤める深海潜水艇の操艇者・小野寺俊夫は、小笠原諸島北方の島が一夜にして消えた原因を突きとめようと、海底火山の権威、田所博士、幸長助教授らとともに日本海溝に潜った。潜水艇〝わだつみ〟が八〇〇〇メートルの海底に達した時、彼らは異様な海底異変を発見した。深海には、幅広い溝が果てしなく延び、乱泥流がもくもくと噴出していた。この巨大な暗黒の中で、いま、何かが起りつつあった……。

こうした、深海八〇〇〇メートルに三人が乗り込めば、コックピットがいっぱいになる最新鋭の潜水艇で潜っていく真に迫った、かつ迫力満点の映像に引き込まれていったことは記憶していた通りだった。

この後、伊豆天城山が爆発したのだ。そして、それを追うように、三原山と大室山が噴火を始めた。

小野寺と幸長助教授は、ふたたび田所博士に呼び出された。田所はなぜか、日本海溝の徹底した調査を急いでいた。内閣では、山本総理を中心に、極秘のうちに地震問題に関する学者と閣僚との懇談会が開かれた。出席した学者たちは楽天的な観測をしたが、一人、田所博士だけが列島の異常を警告した。しかし、この意見は他の学者に一笑に付されてしまう。

2　現職の大学教授の登場

実は、この内閣の懇談会のシーンは、よく覚えていた。なぜならば、田所博士が口角泡を飛ばして、「日本沈没」の危険性を説く中で、実在の学者、地球物理学が専門の竹内均・東京大学教授が、冷静に「地球マントル対流説」を山本総理に諄々と説いているのだ。この時、私は生まれて初めて、マントル対流説で大地震が発生したり、深い海溝ができたり、火山が噴火するメカニズムを知ったのだ。

『日本沈没』の1シーン

この時代、一九七〇年代前半は、今から考えると、一九六〇年代末から唱えられ始めた「プレートテクニクス論」が広まり始めた頃だった。

私たちが今、二〇一一年三月の東日本大震災や近い将来必ず発生すると予測されている南海トラフの巨大地震を引き起こすプレートの境界、という概念を説明している。この映画が公開されたころはまだ、この新しい大地震発生のメカニズムが一般社会どころか、学者の世界の間でも、まだ十分に理解されている時代とはいえないのではないだろうか。その意味では、この映画の危機管理上の第一の手柄は、当時

地球の概念

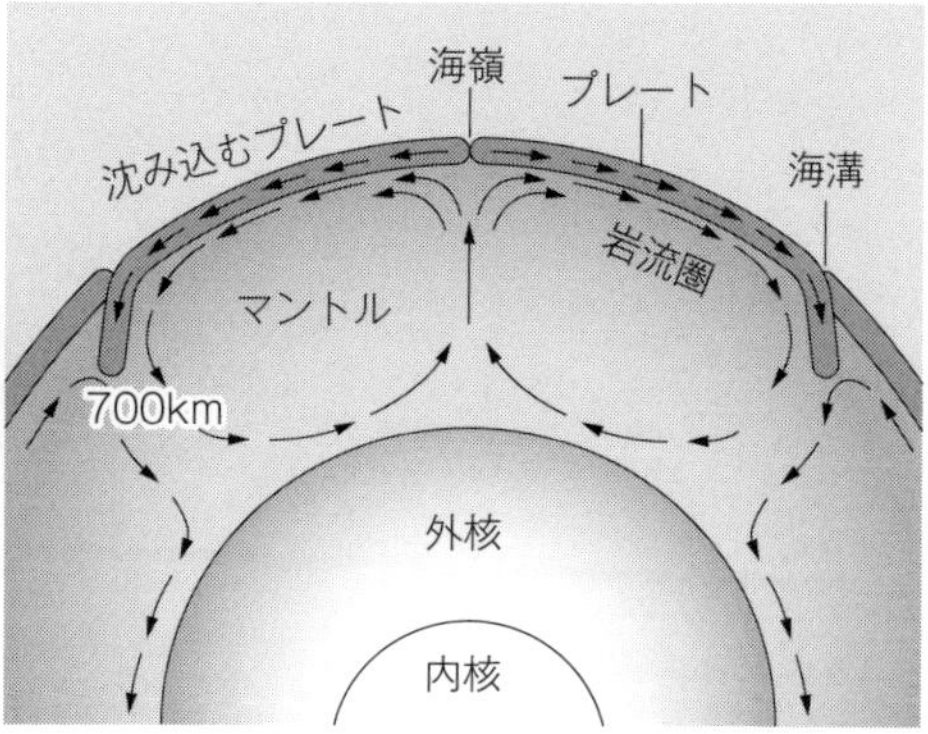

マントル対流の説明図

の最新の情報を公開したことではないだろうか？

最新の情報を娯楽の代表である映画の中で詳細に説明したことは、製作スタッフたちの大いなる矜持を感じる。

地震と噴火、さらに津波で被害を受けた家屋約三万戸、死者行方不明二三六人を出した天城山の爆発を受けて、官邸で緊急会議が開かれる場面。専門家数人がそれぞれの立場から意見を述べたようだ。しかし、山本総理は納得しなかったようで、「現在は地球が始まって以来、一番激しい変動期だとか、日本の地下では構造線そのものが変化し始めている。しかし、わたしはそんな難しい話ではなしに、もっと単純なことをもっとわかるようにお聞きしたい。日本列島の横にどうしてあんなに深い凹みができたのか？　その訳は？」と学者たちに問う。そこで竹内教授が立ち上がって説明を始める。映画が始まってから二九分が過ぎた頃だ。

竹内教授は上記のような地球の断面を示した図を示しながら、「地球はゆで卵になぞられます。その外側の卵の殻にあたるところを地殻と呼んでいます。非常に薄い。それからその中の卵で言えば、白身にあたるところをマントル、それからその中が核ですが、この核が液体であることがわかりました。つまり、地球は半熟卵だと言えます。マントルは先ほど固体だと申しましたが、この中で非常にゆっくりとした流れがあります。一年に数センチという単位ですが、流れているのです」と説明する。

これに対し、山本総理は「ほう、固体が流れる?」と興味を示す。これに対し、竹内教授は「たとえば、トンネル工事の時に、鉄の棒をつっかえ棒にしていますが、これが長い時間かけてグニャッと曲がっていくことをご覧になったことがありますよね。ああいうように、固体だって流れるのです」と非常にわかりやすく解説する。

3　最新の知見

さらに、マントル対流の映像を見せながら、マントル対流、つまり固体の流動に触れ、「対流によって、上がるところが列島の海底山脈を造り、下がるところが、日本海溝のような深い海溝を形成しています」と総理の問いに答える。またさらに、当時まだ新しい理論であるプレートテクニクス論にも触れて、六つの大陸ができ上がった様子を説明する。

大西洋のプレートの形を解説しながら、日本列島の日本海溝あたりで沈み込む様子に触れ、「何十年、何百年もかかってプレートが潜り込んでいき、時々ズルッと戻ります。これが地震です。地震に伴ってモノが溶けて上がってきたものが火山です」と明快な説明をする。

三四分過ぎまでの実に、五分間にわたって、当時の最新の知見が示されていることに、改めて驚嘆した。まさに、最新の正しい情報を非常にわかりやすく情報発信している。

映画では、主役の一人、田所教授が「日本沈没の危険性」を強く訴えるが、他の学者たちは一笑に付する。しかし、このシーンでも、実は竹内教授は軽々しく発言していない。

4 映画のあらすじ2

映画はこの後、急展開する。

田所教授の発案で密かに結成された「D計画」（日本沈没が始まる際に備えて、日本人を海外に避難させる計画）に基づいて、田所教授らは、フランスから購入した高性能の深海潜水艇「ケルマディック号」に乗り込み、日本海溝の海底調査を続け、その異変から「近く確実に日本の大部分は海底に沈む」と確信する。ちょうどその時、南東京を中心にした大地震が発生する。

ラッシュのピーク時が始まろうとしていたその時、大地震が襲った。「関東大震災」だ。電車が脱線し、高層道路が倒壊し、ビルが倒れ、民家が次々と押し潰され、人々は逃げ惑う。地下鉄や地下街は一瞬に停電し、泥水が押し寄せる。津波とも見える大波も見えた。首都圏は想像を絶するパニックに陥り、まさに地獄図さながらの光景になる。

5　阪神淡路大震災との比較

ここで、初めて、冒頭に書いた恥ずかしい記憶間違いに気づいた。この関東地方の大地震のシーンは約一〇分間にわたって描かれる。まさに、阪神淡路大震災で私たちが経験したあの光景だ。

それが、一九七三年の映画から二二年経った一九九五年一月一七日午前五時四六分に再現された。そのことが、映画では最初に起きた大地震を「関西大地震」と勘違いしてしまったようだ。一九二三年に起きた関東大震災から映画公開はちょうど五〇年後、それから二二年経って、関西で大地震が起きた。映画公開当時、東京では小さな地震ながら年に何度かは発生していたので、関東大震災の再来があるかもしれない、とは言われていた。しかし、「関西には地震が起きない」という不思議な「神話」が生きていた。だから、ほとんど何の想定もされずに、大きな被害を出したのだ。

もう一つ映画公開当時のエピソードも、勘違いする原因となったのかもしれない。映画の中で高層道路が倒壊するシーンが見られるが、専門家の間で失笑を買ったという。優秀な日本の土木工事があんなに簡単に崩れるものか！と。

しかし、これも二二年後の阪神淡路大震災が見事に打ち砕かれた。こうした二つのエピソードを中心に、私が、最初の地震のシーンは、関西での地震と思い込むようになってしまった。阪神淡路大震災後の講演会や講義の中で、度々この間違った見解を述べていたことに今回気づき、恥ずかしくてならない。危機管理を語る上、最も大切なことは「情報の確かさ」であるのに。自戒したい。

6　映画の主題は日本人論に

後半の映画の主題は、日本列島の大部分が海底に沈没することが確実となり、国を失った日本人がどう世界の中で生きていくのかに移る。諸外国にいかに受け入れてもらうか？　逆に、日本沈没と一緒に生命を託す人も現れる。

それはさて置き、当時日本に住む者たちは、この映画を観て、危機意識を持っただろうか？

否、と言わざるを得ない。この映画のような前兆現象がほとんどなかったとはいえ、総理大臣をはじめとして閣僚の中に、何らかの危機意識を持って、専門家らとの懇談会や意見交換会が持たれたという話は聞いたことがない。

一九九五年一月一七日午前五時四六分、マグニチュード7・3の未曾有な大地震が兵庫県南部を襲った阪神淡路大震災。この時、自民党、社会党、さきがけの連立政権だった村山政権は、のちに語り継がれるように、決してこの大災害に対して的確な危機管理意識を持って対応したとは言い難い。官邸の対応、自衛隊の出動、その他、政府として取らなければならない危機管理対応は全くできなかった。もちろん、政府だけでなく、兵庫県や神戸市、大阪府、淡路島を含む周辺都市のどこもが、備えていなかった。極端に言えば、日本人の誰もが、あの地震に対して危機意識を持っていなかったのだ。

7　パニック映画

一九七〇年代、この『日本沈没』と同じように、パニック映画と呼ばれる分野の映画が、ハリウッドでも次々に公開された。一九七二年には、乗客一四〇〇人を乗せた豪華客船が航海途中に巨大な津波に遭い、転覆する映画『ポセイドン・アドベンチャー』や、一九七四年には、サンフランシスコの一三八階建ての超高層ビルの落成式の日に、火災が発生し、最上階に何百人を閉じ込めたパニック映画『タワーリング・インフェルノ』、一九七九年には、原発事故の恐ろしさを描いた『チャイナ・シンドローム』など。日本だけではなく、この時代、世界や地球の将来を心配するパニック映画が多く作られていることは決して偶然ではないかもしれない。金や権力におぼれている人間の姿を見て、何らかの「危機意識」を発信する必然性があったのかもしれない。

実際、その何年後かに、映画が描いた壮絶な世界を目の当たりにする災害や事故が発生するたびに、娯楽やアクションとして作られる映画や文章をバカにしていてはいけないのかもしれない、と痛感する。もちろん、世間をパニックに陥れるのが主目的で、娯楽性が強いことは重々承知しているが、その本質、何が今、問題になりつつあるのかを冷静に見つめ、分析することが重要である。

その際、決して軽視してはならないことは、情報発信だ。竹内教授のわかりやすく、つたわりやすい、情報発信により、事の真理を見極めて、的確な対応、それに、情報発信を受ける側も、冷静に対応することが肝心だ。

8　二〇〇六年映画との比較

『日本沈没』は、阪神淡路大震災から一一年後の二〇〇六年にリメイクされ再び公開された。原作と比較して登場人物の設定や役回りが大きく異なっている。監督は、前作の映画のリメイクというよりも原作小説の再映画化というスタンスで挑み、前作に欠けていた市井の庶民の視点を意識して取り入れたとされる。

前作では、田所博士や山本総理の行動を中心にストーリーが展開され、新作では、恋人二人の交際がストーリー展開の主軸となっている。前作では、田所博士の唱える「日本沈没」説が検証し切れていない仮説の段階から始まっていて、立証データ収集の調査や対応策の検討を秘密裏に進める必要から政界のフィクサーである老人の支援のもとで見識ある実力者が集められ、体制を整えていく。また「日本沈没」の情報の真偽に苦悩する政府の姿も描かれる。

一方、新作では、まず学界の最高権威（アメリカ測地学会）より「四〇年以内に日本は沈没する」と説明されることにより、政府が「日本沈没」を既成事実として受け入れてしまい、老人の登場や政府の苦悩を描く必然性がなくなっている。前作では物語の終盤に日本政府や世界各国が日本人救出に全力を尽くすが、新作では逆に、政府首脳が〝難民受入交渉〟と称し我先に海外逃亡、また世界各国があまりにも多く押し寄せてきた日本人の受け入れに難色を示すなど冷淡な態度を取られる。一方で日本海溝にあるプレートの切断作戦のために掘削機を提供したりするなど協力してくれる国もある。

原作では南関東直下型地震で二五〇万人、映画七三年版では三六〇万人の死者・行方不明者が出る。それに対し、新作では東京は全ての住民の退避後に津波が襲来する。

おわりに

この度、「映画から見る危機管理」というお題で、本章を書いた。言うまでもないことだが、二〇一六年に『シン・ゴジラ』という単なる怪獣映画ではなく、危機管理をテーマにした映画や、見方によれば危機管理映画とも見られなくもないと私が考察した『君の名は。』など、一種のパニック映画が相次いで公開されたことは、非常に意味深であると考えている。

毎年のように大きな被害を出している大雨の脅威、南海トラフの巨大地震への逼迫感などがその背景にあることは否定のしようがない。

しかし、単なるパニック映画、いやそれ以上に危機管理映画だと評価してはいても、その意図をできるだけ社会に公表、発信していくことが重要だろう。学者や専門家が、いくら「警告を発していた」と言っても、国民一人一人に届かなくては、意味がない。そういう意味では、危機管理の要諦としての、正しい知識による、広くわかりやすい情報発信の大切さを、改めて、この章を起こして、感じているところである。再度、大きな記憶間違いがあったことを謝罪するとともに。

第6章　『シン・ゴジラ』をリスクマネジメントから読み解く

田中綾子

はじめに

「事実は小説より奇なり」と言われるが、私たちの社会では、「まさかこんなことが」ということが、意外によくある。

阪神・淡路大震災にしろ、東日本大震災にしろ、誰もが「まさか」と思った。つまり、フィクション以上のこと、フィクションより奇妙なこと、とんでもないことが起こるのがこの世の中なのである。ということは、「最低限フィクションにあることは想定しておかなければならない」のではないだろうか。

この機会に、フィクションである映画『シン・ゴジラ』を、あえてノンフィクションとして捉え、リスクマネジメントという視点から考察してみようと思う。

1　巨大不明生物の出現

(1)　あらすじ1

東京湾で漂流する一隻のクルーザーが発見される。その直後、海で爆発が起こり東京湾アクアラインのトンネルが崩れるなどの被害をもたらした。日本政府は、災害対策本部を立ち上げ、市民の避難誘導を迅速に行った。しかし爆発の原因は分からず対策は具体性を欠いた。

海底火山などが推測される中、内閣官房副長官の矢口は、巨大な生物の可能性を訴えたが聞き入れられない。会議進行中に、巨大な尻尾のようなものが海面から飛び出すのが中継モニターに映し出された。

政府は、有識者などを呼び対処方法を検討するが、その間も、巨大な生物は川をさかのぼって内陸へと向かう。首相が、上陸はあり得ないと発表するさなか、都内に上陸し、ついにその姿を現した。巨大なトカゲのようなその生物は街を破壊しながら進む。政府は緊急災害対策本部を立ち上げた。東京都も対応に追われたが、そのような事案に対応するマニュアルはなく、自主避難をするように都民にアナウンスした。被害が急激に広がる中、政府は自衛隊の防衛出動を決定する。

今まで暴れていた巨大不明生物は、突然動きを止め、変態して身体を起こし立ちあがり、動き出した。首相が、自衛隊による攻撃を決断できないでいる間にも被害はますます広がったが、間もなく巨大不明生物は東京湾に姿を消した。

（2）考察1

これは、『シン・ゴジラ』の冒頭箇所である。突如、東京湾に巨大不明生物が現れるのだが、まず危機管理的にみて、初動対応としては、通行止めや関係機関への連絡など迅速な対応ができている。

しかし、未知の現象を目の当たりにして、「まさか」という気持ちと想像力の欠乏、先入観などから原因特定の可能性をさぐれない状態が続いた。

政府の一連の会議における大きな問題は、首相のリーダーシップの欠如と政府内に危機管理の専門家がいない、法整備が整っていない、自治体との連携がとれておらず結果として、市民を自主避難させたというところにある。

a　首相のリーダーシップの欠如

我が国は、伝統的に官僚機構がしっかりしており、政治家主導ではない。このような体制は平時には穏やかに社会が流れていくが、有事の際は機能しなくなる。なぜならば、官僚は過去の事例に基づいて課題解決をしていくが、有事の際は過去の事例に基づいて物事を決めることがほとんど不可能である。したがって、有事にはリーダーが情勢を見極め、適時に即断していかなければならないのである。

映画の中でも首相は、重要な局面で判断を躊躇したり、うろたえたりする。さらに、記者発表の時に、「ゴジラは上陸しない」などと原稿と違うことを口走ってしまう。これは、リーダーシップの能力のない人物が、強い自己顕示欲によって、人前では自分の存在を誇示しようと不必要なことをしたり、言ったりしてしまうという、よくあるパターンである。

b　リスクマネジメントの専門家がいない

我が国は、リスクマネジメントの専門家が官僚の中におらず、また公務員の制度としてリスクマネジメントや防災の専門職もない。このような状況のなかでは、政府の的確な判断ができないのもやむを得ないことといえる。

映画のなかで出てくる生物学などの研究者はあくまでそれぞれの分野の専門家であり、リスクマネジメントの専門家ではないのだ。また、政治家も官僚もその多くが、巨大不明生物が上陸しないと思っている、あるいは思いたいのは「正常性バイアス」が働いているためである。

どういうことかといえば、人間の心には現在起きている危機を認めず危険を無視する傾向があるのだ。自分が深刻な事態に陥っているのにもかかわらず、日常の延長と考えて「たいしたことはない」とか「自分は大丈夫」というように都合の悪い情報を無視したり、現状を過小評価してしまったりする心理的な作用である。

専門家なら、この正常性バイアスが働くことを前提とし、それを差し引いた上で事態に対応するのだが、危機管理という視点から見れば政府全体が素人集団であるために、政府全体に正常性バイアスが働いてしまい、その結果、現実を目の当たりにしているのにも関わらず、現実を過小評価し、根拠のない希望的観測のもと有効な対応を取れないでいる。そして、危機がさらに差し迫らなければ、真の意味での危機を感じないということが起こっている。

c　法整備が整っていない

映画のなかでは、未経験の種類や規模の災害時において省庁が横断的に機能するための法整備が整っていないために、迅速な対応ができないでいる。大規模災害や有事の際に超法規的・横断的な対応が可能な法律を整備しておく必要がある。

d　自治体との連携がなされていない

この大規模災害に対して政府のみが対応しており、自治体との連絡や連携がまったくとれていないことが大きな問題である。

映画の中では東京都が政府からの情報がないということで独自の動きをはじめた。大規模な事案であるため政府が主導するのはわかるが、避難勧告や避難指示を出すのは、各自治体であるから密な情報交換は必須である。その原則が守られていない。

e　自主避難の問題

映画の中では、ゴジラが街に迫るなか、住民に自主避難を呼びかけている。原則的には避難場所を指定して避難させなければならない。

そのためには、日常からあらゆる災害、有事を想定し、避難場所の指定や避難訓練を行っておく必要がある。今回のゴジラの場合、緊急性や一定の方向に対し危険が及ぶ点でミサイル攻撃などを想定した避難が有効だと考えるが、原因が未知の生物ゆえにリスクの想定はさらに複雑なものとなる。状況を俯瞰できない住民による自主避難は運任せとなる可能性をさらに高めてしまうだろう。

2　ゴジラ

（1）あらすじ2

政府と自衛隊が、不明巨大生物の再上陸に備え対応に追われる中、矢口の元にアメリカからの大統領特使がやってきた。特使は、騒動の鍵を握るある人物を探すよう依頼する。彼の残した資料を発見し、そこには「GODZILLA」という名前が記されていた。

矢口はゴジラに対抗するため特別チームを設立。各分野のスペシャリストを集めゴジラの謎解明に挑む。「ゴジラ」は、アメリカからの情報などから放射能により突然変異をおこしながら進化したことがわかった。プロジェクトチームは、日夜を問わずゴジラの駆除方法の究明を進める。

（2）考察2

この段階になると、チームプレーの強みがでてくる。映画のなかでは、専門家集団のプロジェクトチームが編成され、あらゆる知識が融合して新たな知見が生まれて解決にむけて動いていく。ここでは、適材適所が徹底されており、明確なミッションを短期間で成し遂げるための最適なチームができ上がっている。そして、プロジェクトチームのメンバーすべてが情熱を持って、寝食を忘れてミッションを遂行していく姿が、映画を観る人々の共感を誘い、それぞれの役柄の魅力が伝わってくる場面でもある。

3　ゴジラの再来と破壊

（1）あらすじ3

そんなある日、ゴジラが再び姿を現し、鎌倉に再上陸した。その姿は二倍近く巨大になっていた。東京に向かって進むゴジラに対して、ついに自衛隊による武力攻撃が行われた。ヘリコプターや戦車、戦闘機などによる大規模攻撃が行われたが、ゴジラに何一つ損傷を加えることができなかった。自衛隊は総崩れとなり退却を余儀なくされた。

ゴジラは東京都に侵入した。政府は在日米軍に攻撃を要請する一方、都民の避難を急いだ。そこへ米軍の爆撃機が駆け付け、上空からミサイルを放ち、ゴジラの身体を傷つけることができた。しかし、次の瞬間、ゴジラの背びれが紫色に光り、口から真っ黒な煙を吐くと同時に街に衝撃波が広がった。そしてその煙は真っ赤な炎に変わりついに紫色の細い光線へと変わる。ゴジラの口と背びれから放たれた紫の光線は街を破壊し上空を飛んでいた爆撃機をも破壊。首相をはじめ政府要人を乗せたヘリコプターも撃墜されてしまった。破壊の限りを尽くしたゴジラはエネルギーが切れたのか、眠るようにその場で静止した。

次の日、官邸機能は、立川の広域防災基地に移された。矢口は内閣特命担当大臣に指名され巨大不明生物統合対策本部副本部長になった。日本を救うためには、ゴジラを凍結するしかなく、ゴジラの解明と凍結の準備が急がれた。

（2）考察3

ゴジラ再上陸に向けて政府や自衛隊は、最大限のリスクマネジメントを行ったが、二倍近くになったゴジラの前に悲惨な現実が待っていた。自衛隊の総攻撃にも無傷なまま、ゴジラの東京への侵入を許してしまった。さらに、米軍のミサイル攻撃のかいもなく、進化したゴジラの光線で地上も上空も破壊しつくされてしまった。

ここで問題なのは、首相など政府高官が乗ったヘリコプターが撃墜されたが、リスクマネジメント的に考えて、脱出が遅すぎると思われる。対策本部の移設をどの時点で行うかについてマニュアル化されていなかったことが大きな原因と考えられる。映画を離れて考えた場合、我が国が大規模災害や有事の際に政府機能を移すためのマニュアル整備やそれに基づく訓練をどこまでしているのかが気になるところである。

また、立川の仮本部が普通のビルであり、有事や原子力事故対応になっていないのも、問題ではある。さらに、東京から近すぎて、仮本部自体が被害をうける可能性がある。リスクマネジメント上は、立地は重要な要素である。

シン・ゴジラ

4　ゴジラ凍結作戦

（1）あらすじ4

ゴジラが再び動き出すまであまり時間はないと思われるなか、アメリカとの共同研究が進められた。その頃多国籍軍の核攻撃によるゴジラ破壊が決定された。それは東京の壊滅を意味する。

核攻撃の代替となる矢口の凍結プランを完成し、実行するための時間を稼ぐために、核攻撃の開始時刻を延ばさなければならない。首相臨時代理を中心に政府は懸命に各国と交渉し、その間にプロジェクトチームはゴジラ凍結のための薬の確保を急いだ。

そして、核攻撃が始まる直前、ゴジラが再び動き出す前に矢口の指揮のもと凍結作戦が決行された。まず、米軍の無人戦闘機のミサイルでゴジラのエネルギーを使い果たさせ、次に爆弾を積んだ無人の新幹線をゴジラに衝突させた。続いて近くのビルを破壊しゴジラにぶつけ、これも爆弾を積んだ無人の在来線をぶつけることによりゴジラを転倒させた。倒れたゴジラの口に、特殊車両によって凍結材を注ぎこんだ。二度にわたる薬品の注入により、ようやくゴジラを凍結させることに成功した。日本は救われたのである。

凍結直後、除染の方法も解明した。

次に矢口たちが取り組まねばならないのは破壊された東京と日本の復興である。これからは、ゴジラと共存していかなければならない。矢口は既に将来の日本に目を向けていた。

(2) 考察4

この局面から、一気に防災力、緊急時の対応力の高さが目立つようになる。指揮官のもと、ゴジラの凍結という技術的な側面での対策、核攻撃を遅らせるための政府の行動、凍結のための機械や薬の手配と作戦の実行、全てが役割分担され、しかもそれらが連動して解決へと結びついていくのである。まさに、危機対応の姿である。

5 ゴジラから学ぶリスクマネジメント

(1) 現実のできごととして見た場合

はじめに述べたように、このフィクションをフィクションとしてではなく、ノンフィクションとして捉えて、リスクマネジメントの立場から検討してみよう。

a ゴジラ襲来を想定していなかった

はじめにゴジラが出現した時点で、日本政府はハザードとしてゴジラを予測し設定していなかった。したがって、当然ゴジラがもたらすリスクを特定することができていなかった。つまり、ゴジラというハザードは想定外ということになり、そのリスクも想定外ということになってしまった。そのことがゴジラ襲来という危機が起きた時に、対応できなかった最も大きな要因といえるだろう。

しかし、アメリカは、ゴジラというハザードとそのリスクをかなり以前から把握していた。だからこそ、ゴジラ襲来の直後から関与してきたのである。つまり、日本はゴジラというハザードの情報を事前に得ることができなかったのであり、情報収集能力に大きな問題があるということである。そのため、ゴジラに対するリスクマネジメントがまったくできておらず重大な結果を招いてしまったわけだが、それはアメリカは知っていたという点で決して想定外といえないのである。

b　正常性バイアスがかかってしまった

ゴジラが襲来し、海から川へ入り、遡上しているのにもかかわらず、上陸はしないと考えて、首相が国民に発表してしまっている。まさに、首相をはじめ政府全体に、先にも述べたように正常性バイアスがかかっているのである。この正常性バイアスが働くことで、災害時の対応を間違ったり手遅れになったりする。

ゴジラの襲来があまりにもショッキングだったので、惨状が目の前で繰り広げられているにも関わらず首相をはじめ政府は危機を少なめに見誤ったのである。

ゴジラが二回目に襲来した際は、政府はすでにハザードを知ったので、短期間ではあるがそれなりのリスクを予測し、対応も計画した。しかし、その計画はあまかった。再来した時のゴジラの大きさははじめの二倍近くになっており、しかもその凶暴性や破壊能力は格段に向上してしまっていたのである。

つまり、ハザードが進化したため危機は増し、それを読み切れなかったためリスクコントロールができなかったということになる。

c　リスクマネジメントの専門組織の必要性

ゴジラ襲来という巨大災害に対して、会議の種類が多すぎ、その間にも、事態がどんどん進行してしまった。国家を揺るがす非常事態に対する体制が整えられていなかったということがいえる。

また、対策本部が設置されたが、首相のリーダーシップが欠如していた、専門家がいないということも含めてその対応に甘さがあった。やはり、常設のリスクマネジメントのための組織が必要であろう。その組織は、多くの専門家が日常的に活動し、しかも緊急時に意思決定権を有した性格のものでなければならない。さらに、日常から地方自治体や企業などと連携し、ネットワークを構築しておく必要もあろう。

(2) 社会風刺として見た場合

次に、この映画を社会風刺として捉えてみよう。そうすると、東日本大震災の際の津波と福島第一原子力発電所の事故がオーバーラップする。

まず、ゴジラの二度にわたる上陸は大津波とオーバーラップする。海から突如現れて、街をなぎ倒していく。まさに、津波そのものである。そして、津波が第二波、第三波と襲ってくるように、海に戻っていったゴジラもすぐに再来して再び首都圏を襲ったのである。しかも、一回目の襲来より壊滅的な被害をもたらした。これも津波は一般的に第一波より第二波の方が大きいということとつながっているように思う。

次に、ゴジラが、周りに放射能をまき散らし、街を壊滅していく様は、大津波によって福島第一原子力発電所が全電源を喪失、メルトダウンと水素爆発を起こし、広範囲にわたり放射性物質を放出し、放射能汚染が広域に発生してしまった状態を彷彿させる。

さらに、ゴジラの襲来が想定外という言葉では片付けられないのと同じように、東日本大震災の際の津波にしても原子力発電所のメルトダウンにしても、全て想定外という言葉で片付けられてしまっているが、実はそうではなかった。

津波に関しては、一八九六年の明治三陸津波と東日本大震災の際の津波の浸水域はかなり重なっている。さらに、八六九年の貞観地震の際に発生した大津波は東日本大震災に匹敵する規模であったらしい。『日本三代実録』には、貞観地震の様子が記されており、仙台・多賀城が津波で大きな被害を受けたことがわかる。

そのことは、一九九〇年に女川原発二号機増設のための調査をしていた東北電力女川原子力発電所建設所の技師、阿部壽氏他が津波堆積物から、仙台平野では海岸線から三キロ程度で津波被害があったという調査結果をまとめていた。また、東日本大震災が起こった二〇一一年より以前の二〇〇九年の総合資源エネルギー調査会原子力安全・保安部会において貞観地震が考慮されていないことへの疑問が研究者から指摘されていた。

このように、東日本大震災の津波は、決して想定外ではなかったのである。しかし、これらの情報は津波対策や原子力発電所建設に際して考慮されることなく葬り去られてきたのである。そして、我が国の原子力発電所は、絶対に安全であり、致命的な事故を起こさないということが前提で運営されてきた。いわゆる原発に対する安全神話である。

そのなかで東日本大震災が起き、具体的には次のようなことが起きたのである。

まずは、地震で外部からの送電ルートが切断され、停電が終わった後も非常用電源だけに頼らなければならなかった。

次に、福島第一原発では最大六メートルと想定していが実際は一五メートルの津波が襲来し、冷却水をくみ上げるポンプや非常用の発電機が海水に浸かり止まってしまった。

さらに、取水するはずの坂下ダムからの導水管が破損してしまったのである。

その結果、原子力発電所がメルトダウンし高濃度の放射性物質を放出する事態に陥ったのである。

絶対安全が前提の原発ではこのような事態が起こるとは思っていなかったため、住民の避難場所や避難方法も決められておらず、大混乱が生じる。まさに、ゴジラが出現し、逃げ惑う人々と同じである。

一方、福島原発の事故を受けて、消防や警察、さらには自衛隊による、放射性物質を食い止めるため、あるいは除染するための献身的な命懸けの活動があった。その姿も映画のなかでゴジラと戦う自衛隊や消防、技術者たちの懸命な活動と重なる。

東日本大震災の際の事前の津波対策は不十分であり、特に福島第一原発に関してはまったく対策がとられていなかった。そして、実際に津波に襲われた後の対応もできなかった。なぜならば、ハザードそのものを想定外として設定していなかったため、リスクを予想することもなく、したがって災害が起きた際にその損失を最小限にするためのリスクコントロール、具体的には、防波堤の設置や非常電源の設置場所の検討、マニュアルの作成、避難訓練などができていなかったのである。

6　「想定外」について

本章の冒頭から、安易に想定外という言葉を使ってきたが、最後にこの想定外という意味について、吟味してみよう。そうしなければ、世の中、何もかもが想定外ということで片付けられてしまうからである。

実際、東日本大震災の津波による被害は想定外と何度も報道された。福島第一原子力発電所の事故は、何が想定外といわれているのであろうか。

本章で見てきたように、東日本大震災は実は、様々な分野から想定されており、本当の意味で想定外ではなかった。にもかかわらず、当初、国や東電は想定外と言い続けた。これはなぜなのだろうか。

まず、考えられるのが、国が言う想定外とは、本当は想定していたがほぼ「予算がついていない、対策が行われていない」という言葉と同義語といえる。つまり、行政が想定内と言った瞬間、対策を講じなければならないという責任が生じる。そのためには計画も予算も人手も用意しておかなければならない。そうでないと対応できない時に批判にさらされてしまう。よって、対応できない災害については、想定外という言葉で責任回避をしているのである。

また、東電は、ビジネスとしてコストが合わないことはしない。それが命に関わる、国家の存亡にかかわることでも、対策コストが合わなければ、リスクそのものをなかったことにしてしまう、という企業姿勢が見て取れる。つまり、リスクを自社のお金の問題としてだけ捉えていたのである。一般的にリスクは「リスク」＝「被害の大きさ」×「被害の発生確率」という計算式で考える。

しかし、東電は、この「被害の大きさ」を金銭的損失ということでのみ考えてしまったのではないか。そのように考えると「被害の発生確率」が小さい自然災害の場合、リスクは小さくなる。したがって、リスクの小さなものに対して大きなコストはかけられない、ということでハザードとしての地震と津波についてはその可能性を想定していたにも関わらず、想定から外して想定外としたのであろう。

平常時において企業が自社の利益を優先するのは自然なことである。

しかし、大規模災害の場合の被害は人命に関わる被害であり、金銭的損失とは本質的に異なる。したがって前述の一般的なリスクの計算式は大規模災害には、かならずしも適応できないと考える。

結局のところ、実際は想定できたが、対策を取らないので想定外とする、といった意味でも想定外という言葉が、使われているということだ。これからは、このような屁理屈によらず、想定しているが、対策をとらない、あるいはとれない理由をたとえば原発の建設を検討する時点で明らかにして、建設の是非を正々堂々と検討できるような社会にならなければ、いつまでたっても言い逃れとしての想定外が世の中に蔓延るであろう。同時に、安全のためのコストは、行政や企業などを通じて、われわれが社会として負うものであることも忘れてはならない。リスクが全くないということは世の中にないのだから、それを承知でどのような大きさと質のリスクなら私たちの社会は容認して生きていくか、そのことを社会全体として意思決定していく体質こそが、重要なのである。

私たちは、次のゴジラが来る前に、しっかりとしたリスクマネジメントを構築し、いざという時に機能できるようにしておかなければならないのである。

第7章 「遺体」をめぐる現実と課題

——『遺体 明日への十日間』に描かれた東日本大震災での遺体安置所の運営を通して——

小野山正

『遺体 明日への十日間』(二〇一三年二月公開)
【原 作】石井光太『遺体 震災、津波の果てに』(新潮社)
【監 督】君塚良一
【制 作】フジテレビジョン
【出 演 者】西田敏行(主演) 緒方直人 勝地涼 國村隼 酒井若菜 佐藤浩市 佐野史郎 沢村一樹 志田未来 筒井道隆 柳葉敏郎(五〇音順)
【上映時間】一〇五分(一時間四五分)

1 知られざる震災の真実(映画のSTORY)

東日本大震災で甚大な被害に見舞われた岩手県釜石市。ジャーナリスト・石井光太が釜石市の遺体安置所となった廃校の体育館(旧釜石第二中学校)で、石井本人が見てきた報道では伝えきれない現状を、ありのままに綴ったルポルタージュ『遺体　震災、津波の果てに』を実写映画化した作品。

釜石市の沿岸部は津波で壊滅的な被害を受け、多くの人命が奪われた。次から次に止めどもなく遺体安置所に運ばれてくる遺体。遺体の運搬には警察官、自衛隊員、消防署員、消防団員などのほか、釜石市職員も携わる。そんな中、突然、上司から遺体安置所の運営を命ぜられた三名の釜石市職員。想像を絶する惨状と膨大な犠牲者の数に言葉を失い、余震、停電、物資不足といった過酷な状況に感情や感覚を麻痺させていく。

そんな混乱を極めた遺体安置所を、民生委員の相葉常夫が訪れる。番号で呼ばれ無残に扱われる犠牲者、死後硬直で不自然に固まった手足を力づくで無理矢理伸ばそうとしている警察官、行方不明者を探しに来た家族に何をするでもなく、身体がこわばり体育館の隅で何もできずにいる市の職員の対応に言葉を失う。相葉は定年前、葬儀社に勤めていたため、遺体の扱いや遺族への接し方を理解していた。彼は遺体安置所の運営を統率し、切り盛りすべく、釜石市長に直接掛け合い、自ら志願してボランティアとして働きはじめる。遺体の検案等の作業には地元の医師、歯科医師、歯科助手が招集された。安置所で読経し、身元不明遺体の遺骨保管を申し出た地元の住職、棺の組立や火葬の手配に奔走する葬儀社の社員など様々な人々が携わる。

深い悲しみを抱えながら、想像を絶する状況の中で、遺体安置所の運営に尽力した地域の人々と遺族の姿をありのままに描いた作品である。

2 「死体」と「遺体」——悲しみとの向き合い方——

本作の公開は二〇一三年（平成二三年）二月二三日。東日本大震災が起こってから二年が経過する前である。

原作者の石井光太は、これまで『物乞う仏陀』（文藝春秋）や『レンタルチャイルド』（新潮社）などの著書があり、アジアにおける過酷な世界を生きざるを得ない人々を取材している。監督の君塚良一は『踊る大捜査線』の脚本家としても知られているが、石井の原作刊行（二〇一一年一〇月）から時を経ずして、原作に沿ってリアルに描いているといえる。この作品の舞台は、一つの市、それも遺体安置所となった廃校後の中学校の体育館であり、シーンの大半が体育館の中で起きた出来事を描写している。

震災によって亡くなった人々の遺体が続々と遺体安置所に運び込まれてくるが、主人公の相葉常夫が遺体安置所に訪れるまで、警察官や市役所の職員にとって運ばれてくるそれは、単なる物体、即物的な「死体」という見方、扱いでしかなかった。

そこに犠牲者への尊重もなければ、遺族が持つ感情への配慮も欠けたまま、ただ目の前にある事実を肯定するだけで精一杯であった。警察官はともかく、市の職員にとってはそもそものような場面に遭遇し、対応を行ったことがないため、無理もないことであろう。思わず自分もそうしてしまうであろうというような感情に囚われる。

しかしながら、彼が遺体安置所で働くようになり、遺族に寄り添い、グリーフ・ケア（grief care：悲嘆ケア）を行おうと懸命に努力する。犠牲者や遺族に対して真摯な対応を行う姿に周囲の人々は感化される。時間の経過とともに、「何とかせねば」、「やるべし」という思いが一つになることで、遺体安置所に携わる全員が犠牲者や遺族に配慮した対応に変化していく。

遺族からすれば遺体がどんなに損傷していても、どんなに腐敗していたとしても自分の大切な家族に変わりない、ということである。自分の家族が突然いなくなる虚脱感、そして二度と動くことのない姿を目の当たりにする絶望と現実に打ちひしがれる事実、「遺体」をぞんざいに扱われることによってどれほど遺族の心を痛めつけているのかを、生々しく表現している。

東日本大震災時に東京で政府職員として災害対応に従事していた私は、被災県を通じて入ってくる被害の報告や当時の報道等を見ていて、何かが欠落していると感じていた。

死者・行方不明者が何百人、何千人と増えていき、余りにも膨大な犠牲者の数に対し、大変な事態であることは強く認識していたが、どんな事態が起きていたのか、私は具体的に想像することは困難であった。重要なことを見落としているとずっと感じていた。津波に破壊された家や街、高台に避難した方々の状況、救助された人命、避難所の光景……。それだけではない。津波が奪っていった多くの命。後には膨大な数の「遺体」が残されていた。その「遺体」と人々はどう向き合ったのか。自治体や地域のコミュニティはどう動いたのか。本作は、報道をはじめ被災自治体の検証報告書では伝えきれなかった、震災のもう一つの真実が描かれている。これまで取り上げられなかった、「生」と「死」が同居・混在する遺体安置所でのありのままの人間模様を描写した作品として高く評価できる。

多くの人命を一瞬にして奪い去った東日本大震災。我々はいつまでも自然の猛威の前にひれ伏してばかりはいられない。いかに対応し、備えるべきなのか。突きつけられた重いテーマに真摯に向き合う時が来ている。

3　大規模災害時の遺体対応をめぐる実務面からの考察

従来、自然災害における遺体対応業務、なかでも遺体の処理については、タブー視される傾向があり、多くの自治体をはじめ、関係機関では具体的な対応の検討、準備等がなされてこなかった経緯がある。なお、本章にいう

「遺体の処理」とは、遺体が発見され、検視・検案、埋火葬等を経て遺骨の引取までの処理過程をいうこととする。

この映画作品に関連し、災害時の遺体処理について、現行制度とその運用のほか、戦後最大の自然災害となった東日本大震災時における遺体対応業務の運用等を概観し、今後の大規模災害発生時において各般の取り組みに資するよう、現状と課題等を指摘することとしたい。

(1) 平時における遺体の処理過程

まず、遺体の処理は通常、どのように行われているのか概観してみよう。

我が国の遺体の処理過程は、「病死」の場合と病死以外の「異状死」の場合に大別される。人が病気により病院で死亡した「病死」の場合、医師が死亡を確認、死亡診断書を作成し、遺族が取得後、市区町村に死亡届を提出する。その後、火葬許可を申請、埋火葬許可証を取得し、葬儀、火葬場での火葬、遺骨の引取という経過を辿る。なお、ほとんどの遺族は、この火葬に向けた各種手続きを葬祭業者に委託して行っているのが通例である。

他方、「異状死」の場合の遺体の処理過程は、死亡・遺体の調査確認に重点が置かれ、その後は「病死」の場合と同様に火葬される。このため、「病死」と異なり、刑事訴訟法、死体解剖保存法等が介在するほか、戸籍法及び墓地・埋葬等に関する法律など複数の法令が関係する。遺体の処理過程における主要項目を時系列順に列挙すれば、①警察への届出、②検視(犯罪性有無等調査)、③検案(死亡原因等調査)、④死体検案書の作成・取得、⑤収容・安置、⑥死亡届・死体検案書の提出、⑦火葬許可の申請、⑧埋火葬許可証の取得、⑨火葬の実施、⑩火葬証明書の取得、⑪遺骨の引取となる。このプロセスには、警察(検察)、病院、医師(監察医)、歯科医師、自治体、葬祭業者など様々な関係機関、専門職が携わる。

（2）大規模災害時における遺体の処理過程

それでは自然災害の場合はどうなるのか。自然災害で亡くなった方々は基本的には「病死」ではなく、原則すべての遺体が「異状死」の取り扱いとなる。小規模な災害で死者数が少ない場合は、前記のとおり「異状死」の場合における処理過程により進められる。

しかし、大規模災害時には死亡者が多数にのぼり、時季等によっては遺体の腐敗も急速に進行する。前記のように遺体を一体ずつ順次、搬送して実施するには膨大な時間が掛かってしまう。このため、多数の遺体を遺体安置所など一カ所に移送・運搬、集中収容・安置を行い、直ちに検視・検案を実施することとなる。すなわち、大規模災害時においては一般に、①遺体安置所の設置・開設、②収容・安置、③検視・検案（身元確認用のＤＮＡ等データ採取含む）、④死体検案書の作成、⑤親族等による身元確認、⑥遺族による遺体の引取、⑦死体検案書・埋火葬許可証の取得、⑧火葬の実施（被災の規模・程度等によって方法が異なるが、一般には火葬）、⑨火葬証明書の取得、⑩遺骨の引取というプロセスを辿る。

なお、遺体が身元不明の場合は、最終的に自治体が遺体を引き取り、自治体が火葬を行う（⑥以降の処理過程が異なる）。火葬後も遺骨の引き取り手がいないため、自治体や寺院で保管する。遺骨となった後も、遺体から採取し

東日本大震災における宮城県災害対策本部会議

たデータと行方不明者の家族の口腔から採取したデータを比較するなどしながら、身元確認作業が続けられる。

なお、遺体安置所は、東日本大震災のみならず、阪神・淡路大震災（平成七年）などの自然災害のほか、日本航空一二三便墜落事故（昭和六〇年）、ＪＲ福知山脱線事故（平成一七年）などにおいても、設置・運営された。

4　東日本大震災における遺体対応業務の運用と課題

(1) 遺体の捜索・移送・収容等

東日本大震災は津波を主因とする広域大規模災害であり、溺死等による膨大な犠牲者の発生と地震災害とは異なる遠方での発見等もあり、遺体安置所への収容・安置の前段階においても、遺体の捜索、移送・運搬などに多数の作業従事者を要した。これらの作業は肉体的・精神的にも非常に過酷なものとなったことは想像に難くない。

遺体安置所への収容・安置後においては、とりわけ親族等による遺体確認に困難が伴ったとされている。震災翌日の三月一二日、厚生労働省は各都道府県に、遺体保存（棺及びドライアイス）、遺体搬送、火葬体制の確保を通知し、さらに同月一七日には死体検案書の作成は必要最小限の記載内容で差し支えない旨の通知も発出した。

岩手・宮城・福島の被災三県の各県警は全国から派遣された警察部隊と一体となり、医師の協力の下、遺体の検視・身元確認に努めたが、津波に流されたことによる遺体の損傷や所持品の喪失、遠方での遺体発見、あるいは、親族も被災・負傷したことなどがあり、親族等による身元確認が困難となるケースが多かったとされる。なお、二〇一七年二月末時点で、東日本大震災による身元不明遺体は、六九体（岩手県五七体、宮城県一二体）あるという（二〇一七年三月八日警察庁発表)。

(2) 遺体が見つからない場合の死亡届の提出

津波による被害で遺体が見つからない親族は、現実問題として経済的不安・困窮が日々増大していった。行方不明者の預金などが使えないだけでなく、死亡を前提とする災害弔慰金、遺族年金、生命保険などの金銭給付がなされない状態にあった。遺体が見つからない場合の「死」の確認の法的規律の問題が大規模に生じたのである。

このような場合、法制度上は、失踪宣告(民法三〇条二項)や認定死亡(戸籍法八九条)の制度が用意されてはいる。しかし、失踪宣告は災害等の危難が去ってから一年間待たなければならず、認定死亡は災害対応で多忙を極める官公署の取り調べを待たなければならないため、死亡の認定までに時間が掛かる。また、死亡診断書(死体検案書)を添付しないで死亡届を役所に提出しようとする場合は、多数の様々な資料を添付して死亡の事実を証明しなければならない(戸籍法八六条三項)が、それも現実的ではなかった。

東日本大震災時の女川町

そこで、法務省は六月七日付けで通知を発出し、市区町村長は死亡届に最低限必要な「届出人の申述書」が添付されている場合には、これだけでも死亡届を受理できることとした。事務運用の大幅な簡素化を図ったわけである。阪神・淡路大震災時には採られなかった措置である。死亡届が受理(戸籍に記載)されると、相続が発生し、あらゆる法律関係が整理・清算される。この特例措置により、遺体が見つからない場合に死亡届を提出する親族は徐々に増えた。大きなインパクト・効果があったといえる。しかし、行方不明者の生存を信じ、この特例措置の利用をためらう親族の方がいることも事実である。

(3) 火葬（広域火葬）・仮埋葬（土葬）

東日本大震災では、多くの火葬場が「友引」による休場日であったこと、震災発生の時間が午後の火葬が終了する間際の時間であったことも幸いし、火葬場での来場者や業務中の従業員等の人的被害はほぼ免れた。しかしながら、火葬場の被災や燃料が不足したうえ、稼働可能な火葬場の処理能力を遙かに上回る数の犠牲者が発生し、遺体の火葬が追い付かない状況が起こった。厚生労働省は、遺体の腐敗による公衆衛生上の危害の発生を未然に防止する必要にも迫られた。そこで、同省は阪神・淡路大震災で採った特例措置を基に、三月一四日付けで通知を発出し、遺体の火葬および埋葬について、通常の埋火葬許可証よりも簡易な特例許可証を前提にした埋火葬を認めた。

仮土葬場

この通知の効果もあり、宮城県では身元判明遺体・身元不明遺体を含めて二五五九体が秋田や山形、東京など県外九都道府県で火葬（広域火葬）された。岩手県、福島県でも県外の複数県域で広域火葬が行われている。

また、特筆すべきことは、宮城県内の石巻市、東松島市、気仙沼市、山元町、亘理町、女川町の沿岸六市町では仮埋葬（土葬）も行われたことである。東日本大震災で仮埋葬が実施されたのは当該六市町のみである。

三月二一日（気仙沼市）から六月八日（東松島市）までに六市町内の公園や墓地一五カ所で合計二一〇八体が一旦土葬されたが、その後、四月一六日（女川町）から一一月一九日（気仙沼市）までに全ての遺体を掘り起こし、火葬による「改葬」が行われた。六市町とも当初は土葬後二年間（遺体が骨の状態になるまでの期間）は改葬作業を行わない予定であった。しかし、地元の火葬場の復旧が進むにつれて遺族から次々に火葬の実施を求める声があがったため、掘り起こして火葬を行った。当然のことながら改葬作業は再掘、再納棺を伴う。気温の高い時期の作業であり、遺体の腐敗と異臭は想像を絶するものであったとされている。

なお、我が国の葬送における火葬率は平成年代に入ってからほぼ一〇〇％であり、世界で最高の火葬率である。死者の供養はまず火葬ありきであり、火葬なくして死者は浮かばれないというのが現在の遺族の感情である。このように遺族の感情や改葬作業の過酷さ等を踏まえると、今後は仮埋葬（土葬）を実施することは極力回避すべきである。

5　遺体対応体制の構築・運用の充実・強化に向けた取り組み

東日本大震災を踏まえ、東日本大震災の多くの被災自治体は遺体対応業務を含めた災害対応を検証し報告書として取りまとめ、公開している。加えて、厚生労働省は関係省庁による資機材の確保・搬送、広域火葬体制の整備を促進するため、二〇一四年七月、「大規模災害時における御遺体の埋火葬等の実施のための基本的指針」を策定した。

こうした被災自治体の貴重な教訓や国の基本的指針等を踏まえ、平時から遺体処理体制の構築、遺体安置所の設置・運営、埋火葬業務に関する取り組みを行う自治体等が徐々に増えてきている。このような取り組みやノウハウを更に全国に拡げていく必要がある。

(1) 遺体安置所の確保・各種計画の策定の推進

遺体安置所の確保をはじめ、遺体処理体制や遺体安置所の運営、埋火葬の方針等は、厚生労働省の「防災業務計画」及び「広域火葬計画策定指針」等に基づき、都道府県が策定する「広域火葬計画」のほか、市町村の「地域防災計画」において市町村が定めることとなる。

東日本大震災発生時点までに「広域火葬計画」を策定し終えていたのは八都道府県であり、岩手、宮城、福島の被災三県は未策定であった。厚生労働省は二〇一五年（平成二七年）三月、遺体安置所の確保等については広域火葬計画などで具体的に定めておくよう求める通知を都道府県に改めて発出した。しかしながら、広域火葬計画の未整備や地域防災計画における遺体処理の方針などに関する記載が不備の自治体は依然として多い。

静岡県では東日本大震災前に「広域火葬計画」を策定しており、遺体安置所の確保を含む遺体措置に係る計画策定を県内市町にも要請し、市町の策定が進んでいる。たとえば、静岡市では二〇一七年二月に地域防災計画を改定し、市内の体育館や総合運動場などを遺体安置所として確保している。

(2) 遺体安置所設置・運営等の訓練の実施

近年、都道府県、市町村、医師会、歯科医師会、警察、葬祭事業者等が連携し、災害時における遺体対応業務が迅速に進むよう、遺体安置所の設置・運営を中心とする実動訓練が実施されている。

たとえば、近年の主な実施団体として、静岡県では三島市（平成二七年一一月）、静岡市（平成二八年九月）、神奈川県では相模原市（平成二七年二月）、横浜市（平成二七年一〇月）、平塚市（平成二八年二月）、東京都では渋谷区（平成二八年四月）、愛知県では田原市（平成二九年三月）、高知県では高知市（平成二八年二月）などがある。南海トラフ巨大地震や首都直下地震による想定被害甚大地域の自治体が多い傾向にある。

東日本大震災の教訓を踏まえれば、遺体安置所の運営には、地域コミュニティとの関わりが重要であり、地元の寺院、民生委員、葬祭業者等にも広く参加を呼び掛け、地域と協働した実動訓練を実施することが重要である。

（3）民間企業等との災害時応援協定の締結の推進

自治体では、近隣や地域ブロック単位の自治体間で火葬協力に関する協定の締結のほか、遺体安置所の設置・運営や遺体の処理等に必要となる遺体安置施設の提供、棺、ドライアイス、防腐剤、葬祭用品、霊柩車、バス等による搬送やこれらの作業など、必要な施設、物資機材、車両、人材等の提供に関する協定の締結も一定程度進んでいる。

しかしながら、未締結の自治体は協定締結を一層推進する必要がある。加えて、協定を締結した自治体においても、適宜、締結者双方の緊急時の連絡先、担当者を確認・共有し、協定締結事業者には訓練に参加してもらうなど、準備を行っておく必要がある。

（４）災害救助法等の運用実務の習熟

災害発生時には、被災市町村等の人口に応じた一定数以上の住宅の滅失（全壊）世帯数等がある場合、都道府県知事は災害救助法を適用する。法適用により、避難所の設置運営、食品・飲料水の供給、炊き出し、応急仮設住宅の建設などのほか、遺体の処理や埋火葬に要した経費についても、一定の範囲で国と都道府県による経費の全額支弁が行われる。たとえば、遺体の洗浄・縫合・消毒等の処置、ドライアイスの購入、一時収容施設利用料、棺、埋火葬経費、骨壺等に要する経費などである。

市町村においては、こうした法に基づく救助事務を都道府県から事務委任を受けて実施するため、救助事務が円滑・迅速に実施できるよう、運用実務の習熟に努める必要がある。併せて災害弔慰金の支給や義援金の配分・支給等についても同様である。

（５）遺体対応業務の標準化と従事者に配慮した業務体制の構築

先行研究等でも指摘されているが、遺体検案スタイルが医師・県警で異なっており、検案の統一したガイドラインやマニュアルが存在しない。埋火葬の業務についても然りである。加えて、遺族の心理や感情に配慮した業務運営の工夫や方法も未だ確立してはいない。

東日本大震災では、遺体検案や埋火葬の業務について、所管省庁が簡易・簡略化した特例措置を認める通知を発出したことは前述したとおりである。

関係省庁が中心となり、有識者や東日本大震災における業務経験者等をメンバーとした検討会を開催するなどして、大規模災害時における遺体検案、埋火葬業務、グリーフ・ケアなどの遺体・遺族対応業務に関する具体的なガイドラインやマニュアルを策定し、研修を実施するなど、対応の標準化を図るべきである。

また、遺体安置所における遺体対応業務は、特に自治体職員にとっては警察官、医師等と異なり、通常業務とは全く異質なものである。公務員としての責任感と助かった命、生き残った者として、現場で懸命に対応したと考えられる。こうした遺体対応業務に従事する者の肉体的・精神的苦痛の負担軽減を図るための業務の体制やローテーション、カウンセリング体制や方法などを含め検討、準備をしておく必要がある。

おわりに

東日本大震災から七年が経過した。三・一一の出来事は決して風化させてはならない。被災者の方々、特に遺族の方々にとってこの映画を見ることは辛いことであろう。

しかし、後世にありのままの事実、教訓を伝えることは大事なことである。南海トラフ巨大地震や首都直下地震など大規模広域災害の発生も懸念され、その際には多数の犠牲者が発生することも予測される。この映画は、これまでタブー視されてきた大規模災害時の遺体の処理や遺体安置所の運営等について正面から取り上げた大変興味深い作品である。もしもの場合に備え、遺体対応業務を担うこととなる自治体職員、警察職員、医療関係者等には是非、見ていただきたい作品である。

震災による多くの人の「死」と震災後の過酷な状況の中での「遺体」をめぐる対応の現実や課題を直視し、そこから目をそらしていては、災害への備えや実際の対応の充実・進化はあり得ないのではないだろうか。

第8章　映画『シン・ゴジラ』から見た日本の危機管理

――想定外に対応できる危機管理とは――

松山雅洋

はじめに

二〇一六年四月一四日の熊本地震では、「震度七の揺れが続けて二回も起こるとは想像もできなかった」、「熊本には土砂災害や火山噴火が発生しても、地震が起こるとは思っていなかった」と想定外であったという声が多く聞かれた。

この想定外という言葉は、一九九五年一月七日の阪神・淡路大震災、同年三月の地下鉄サリン事件、二〇一一年三月一一日の東日本大震災等の大災害や事件等の緊急事態が起こるたびに使われている。災害大国である日本では、今後も想定外の緊急事態が起こる可能性は高く、想定外に強い危機管理システムを構築することが必須であるといえる。そこで、日本の危機管理システムは想定外に対応できるのかについて、ゴジラの来襲という究極の想定外の緊急事態をテーマにした二〇一六年夏に公開された映画『シン・ゴジラ』を題材に日本の危機管理システムについて考察する。

1　映画『シン・ゴジラ』の概要

映画『シン・ゴジラ』は、首都東京がゴジラという未知の生物の出現により、危機的状況に陥るという想定外の事態に対して、国民を守るために、政治家、中央官僚、自衛隊、東京都などが、現行の日本の危機管理システムの中で最善を尽くし危機を脱する物語である。

この映画の特徴は、政府の対応や自衛隊の作戦行動等が現実に即しているのかを細部までチェックしているところである。大臣が官僚のメモを早口で棒読みするシーンや政治家からの指示に対して官僚が「どの省庁にいわれているのですか」と思わず笑いを誘う「政治家・公務員あるある」のシーンが随所に織り込まれるなど、究極のリアリティを追及している。また、「礼には及びません、仕事ですから」や「入隊したときから覚悟はできている」といったセリフに代表される政治家、官僚、自衛官が持っている真摯な使命感も見事に描かれている。

映画のストーリーは、東京湾での水蒸気爆発からゴジラによる被害の拡大に対する危機管理対応が、官邸緊急参集チームの情報収集、総理レクチャー、アクアトンネル浸水事故及び東京湾における水蒸気爆発に関する複合事案対策会議の開催、緊急災害対策本部の設置、災害緊急事態の布告の宣言や自治体による避難指示の発令と現行の危機管理システムに沿って時系列で描かれている。次章から映画『シン・ゴジラ』のストーリーに沿って日本の緊急

自衛隊

事態に対する危機管理システムについて検証する。

2　国、都道府県、市町村の危機管理システム

緊急事態発生時の国民の生命、身体及び財産を守るための危機対応業務は、平常時の業務とは全く異なる業務であるので、行政の組織体制を平常時の体制から緊急事態発生時の体制に切り替え、組織を挙げて対応し処理する必要がある。しかも、危機対応業務は、一分一秒を争うため、時間的なロスは許されない。

災害対策基本法では、地震等の大災害に備えて、国、都道府県、市町村に防災計画の策定と災害対策本部の設置を規定している。これにより、地震等の大災害時には、事前計画により、迅速に国、都道府県、市町村に災害対策本部が設置され、組織が一丸となって情報収集、分析、判断、行動の災害対応を迅速に進めることができる。同様のものとしては、国民保護法によるものがある。一方、想定外のサイバー攻撃や放射能物質汚染等の災害対策基本法等の適用の可否について即座に判断がつかない緊急事態の危機対応はどうなっているのか。対策本部を設置し、組織が一丸となって情報収集、分析、判断、行動できる体制が整備されているのか。究極の想定外である映画『シン・ゴジラ』で国、都道府県、市町村の危機管理システムが機能するのかについて述べることにする。

（1）国（内閣官房）の危機管理システム

映画では、東京湾で漂流中のプレジャーボートが発見された。その付近で巨大な水蒸気爆発が起こり、その衝撃で東京湾アクアトンネルに浸水事故が発生した。

直ちに内閣情報集約センターが事故の情報を収集し、これを受けて官邸緊急参集チームを招集、情報収集が行われ、総理執務室で総理レクチャーを経て、アクアトンネル浸水事故及び東京湾における水蒸気爆発に関する複合事案対策会議を開催。その後、未知の巨大不明生物が蒲田に上陸、官邸は巨大不明生物に対する緊急災害対策本部を設置した。

上陸したゴジラは、街を破壊し品川方面に進行。官邸は緊急事態の布告を宣言し、自衛隊に出動を下命する。自衛隊は、ゴジラへの攻撃態勢を整えるが、逃げ遅れた住民を発見、攻撃を中止した。ゴジラは、北品川付近で停止した後、京浜運河から東京湾に姿を消す。この水蒸気爆発からゴジラの出現という想定外の緊急事態に対しての官邸による一連の危機対応は、現在の我が国の危機管理システムである「緊急事態に対する政府の初動対処体制について（平成一五年一一月二一日閣議決定）[1]」に基づいて正確に描かれている。

この国の緊急事態発生時の初動の危機管理システムは、一九九五年の阪神・淡路大震災、地下鉄サリン事件等の教訓から制度化されたものである。ここでの緊急事態とは、国民の生命、身体、財産または国土に重大な被害を生じ、又は生じる恐れのある大規模自然災害（地震、風水害、火山）、重大事故（航空事故、海上事故、鉄道・道路事故、危険物事故・大規模火災事故、原子力災害）、重大事件（ハイジャック、NBC・爆弾テロ、サイバーテロ等）、武力攻撃事態、その他（新型インフルエンザ、大量避難民流入等）とされ、様々な緊急事態に対する政府の初動対処体制が定められている。

具体的な内閣官房の対応の手順は、次の①～③のとおりである（図8-1参照）。

①内閣官房に設置されている二四時間体制で重要情報の収集を行っている内閣情報集約センターで直ちに情

報が集約され、首相、官房長官、官房副長官等の官邸幹部に速報される。

②官邸で緊急事態と判断された場合は、関係省庁の局長級からなる緊急参集チームが総理官邸の地下に設置されている危機管理センターに参集し、災害状況を把握・分析した上で、内閣総理大臣に報告し、必要に応じ関係閣僚協議や関係省庁の対策会議を開催する。

③緊急事態に応じて政府対策本部が設置され、応急対策方針の決定、各機関が実施する災害応急対策の総合調整等を行う。

・法律に根拠を置く対策本部：武力攻撃事態等現地対策本部、原子力災害対策本部、緊急災害対策本部、非常災害対策本部

・法律に根拠を置かない対策本部：閣議決定に基づく対策本部（例　重大テロ等）

映画では、ゴジラを災害対策基本法の対象である大規模自然災害等と見なして、災害対策基本法に基づく、緊急災

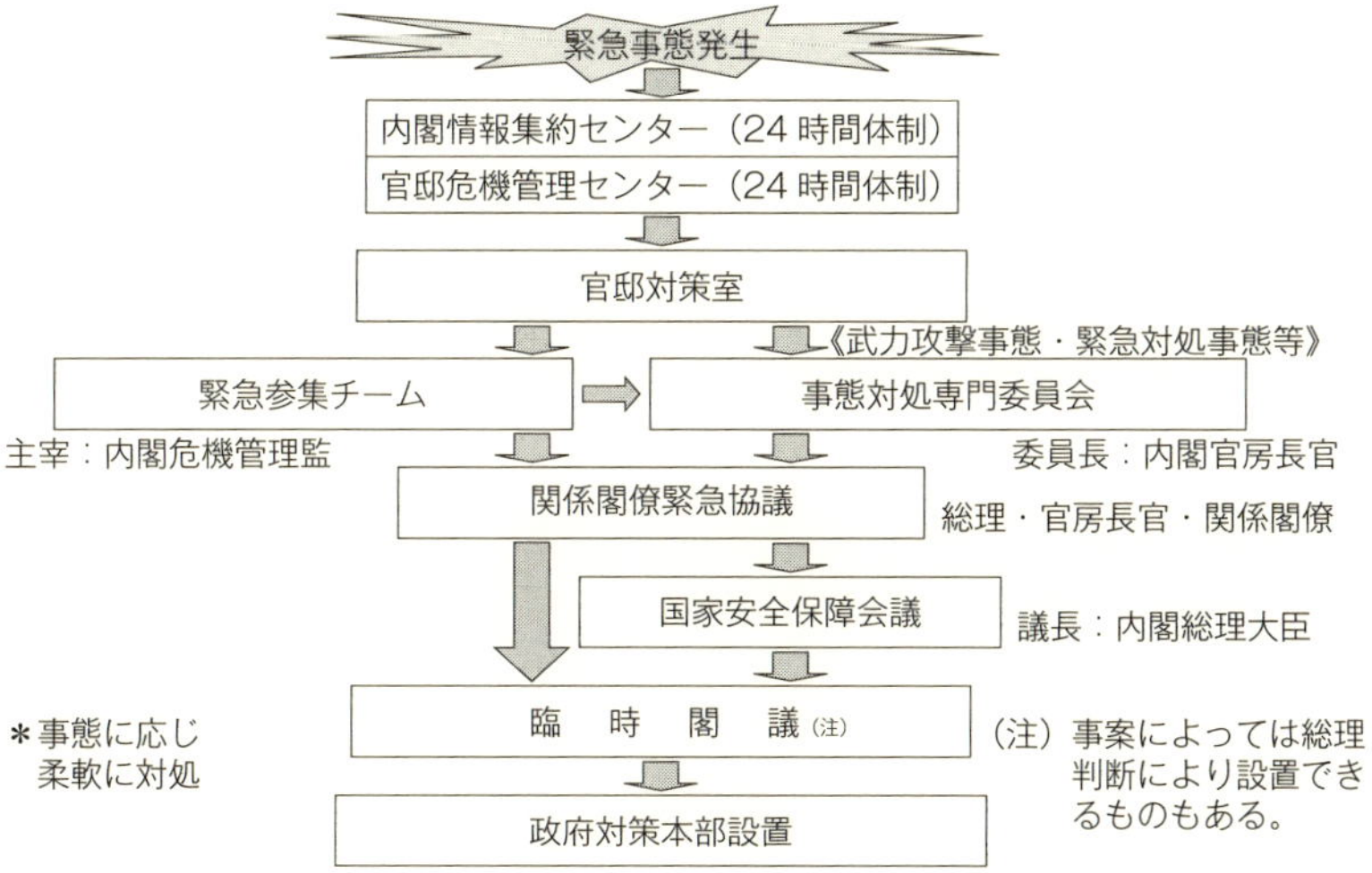

図８−１　緊急事態における初動対処の概略フロー

出典：内閣官房「国・行政のあり方に関する懇談会資料２」2014年.

害対策本部の設置、災害緊急事態の布告の宣言を行っている。

では、実際にはどう行われているのか、東日本大震災での官邸の初動対応を時系列(2)で見てみる。

◇二〇一一年三月一一日　東北地方太平洋地震発生時の初動対応

一四時四六分　地震発生

一四時五〇分　官邸対策室設置　緊急参集チーム招集　総理報告・総理指示

一五時〇〇分　緊急参集チーム協議開始（危機管理センター）

一五時一四分　臨時閣議　緊急災害対策本部の設置決定

一五時二七分　総理指示

一五時三七分　第一回緊急災害対策本部会議（危機管理センター）

一六時過ぎ　第二回緊急災害対策本部会議（官邸四階大会議室）

一六時二五分　官房長官指示

東日本大震災においては、「災害対策基本法」制定以来、初めて緊急災害対策本部が設置され、その下に様々な対策が実施されたが、「災害対策基本法」に基づく「災害緊急事態」の布告が発令されなかった。

緊急災害対策本部とは、災害対策基本法に基づいて激甚な災害が発生した場合に、内閣総理大臣を本部長とし、全閣僚で構成し災害応急対策を推進する内閣総理大臣が内閣府に設置する組織である。緊急対策本部の本部長（内閣総理大臣）は、対策本部の所掌事務の範囲内で対策本部員等（国務大臣等）を直接、指揮監督でき、また、地方公共団体等に対する総合調整権、指示権等が付与されている。

災害対策基本法第一〇五条の災害緊急事態の布告については、物価統制等経済面の措置及び海外からの支援受け入れ措置を国会閉会中等に限り政令で規定できるという限定的な仕組みとなっている。

（2）都道府県の危機管理システム

緊急事態が発生した場合の都道府県の危機管理システムについて述べてみる。

総務省消防庁が、都道府県の危機管理システムの整備指針として、取りまとめた「地方公共団体における総合的な危機管理体制の整備に関する検討会平成一九年度報告書」（平成二〇年二月二八日総務省消防庁）[3]では、都道府県は、危機管理事案に的確に対応するために、特定の事案に限定せず、危機管理事案全般に関して統一的な体制のあり方や、全庁的な対応方針等を示す「危機管理基本指針」を整備すべきだとしている。

具体的には、次の事項を定めるとしている。

①団体における危機管理に関する基本的な考え方

②災害対策基本法に基づく地域防災計画及び国民保護法に基づく国民保護計画の対象とならない広範な「危機」に対して、事前の準備方策や、危機が発生した際に臨時的に設置される情報連絡体制や全庁的対応体制

都道府県の危機管理システムは、災害は、災害対策基本法に基づく「都道府県地域防災計画」、緊急対処事態は、国民保護法に基づく「都道府県国民保護計画」、その他の危機は、都道府県が「独自に定める危機管理基本指

針」と、危機管理基本指針を定めることによって、すべての危機に即応できる体制を目指している。

このような危機管理基本指針を策定している都道府県は三八団体、八〇・九％（平成一八年一〇月一日現在）[4]となっている。

a　都道府県の危機管理指針（神奈川県危機管理対処方針[5]）

映画の中でゴジラが再上陸した神奈川県では、危機管理基本指針として「神奈川県危機管理対処方針（平成一六年二月一二日）」が定められている。この対処方針では、神奈川県の危機管理の基本的な事項を定め、県の総合的な危機管理体制の整備及び推進を図ることにより、県民等の生命、身体及び財産の安全を守ることを目的としている。

対象とする「危機」は、県民等の生命、身体及び財産に直接的に重大な被害、影響を及ぼし、又は及ぼすおそれがある事象であって、発生を事前に予知することが困難な事象等とされている。法令等により防災計画等の作成が義務づけられている災害等は既存の防災計画により対処し、法令等に義務づけられていないが、既に対処方法が定まっている危機事象はその対処方法により対処するものとし、神奈川県危機管理対処方針は、対処方法等が未整備の危機事象が発生した場合に適用するとされている。

全庁的な危機管理が必要と認める危機事象が発生した場合には、危機管理対処方針に基づき知事は神奈川県危機管理対策本部を設置し、危機事象への対処方針、対策等を決定し実施するとしている。

図8-2の危機対処体制の基本的考え方フローから、映画『シン・ゴジラ』の危機対応を想像すると、「危機の発生」は東京湾での水蒸気爆発から巨大不明生物の出現とすれば、「所管局が明確」は「NO」で「安全防災局が初

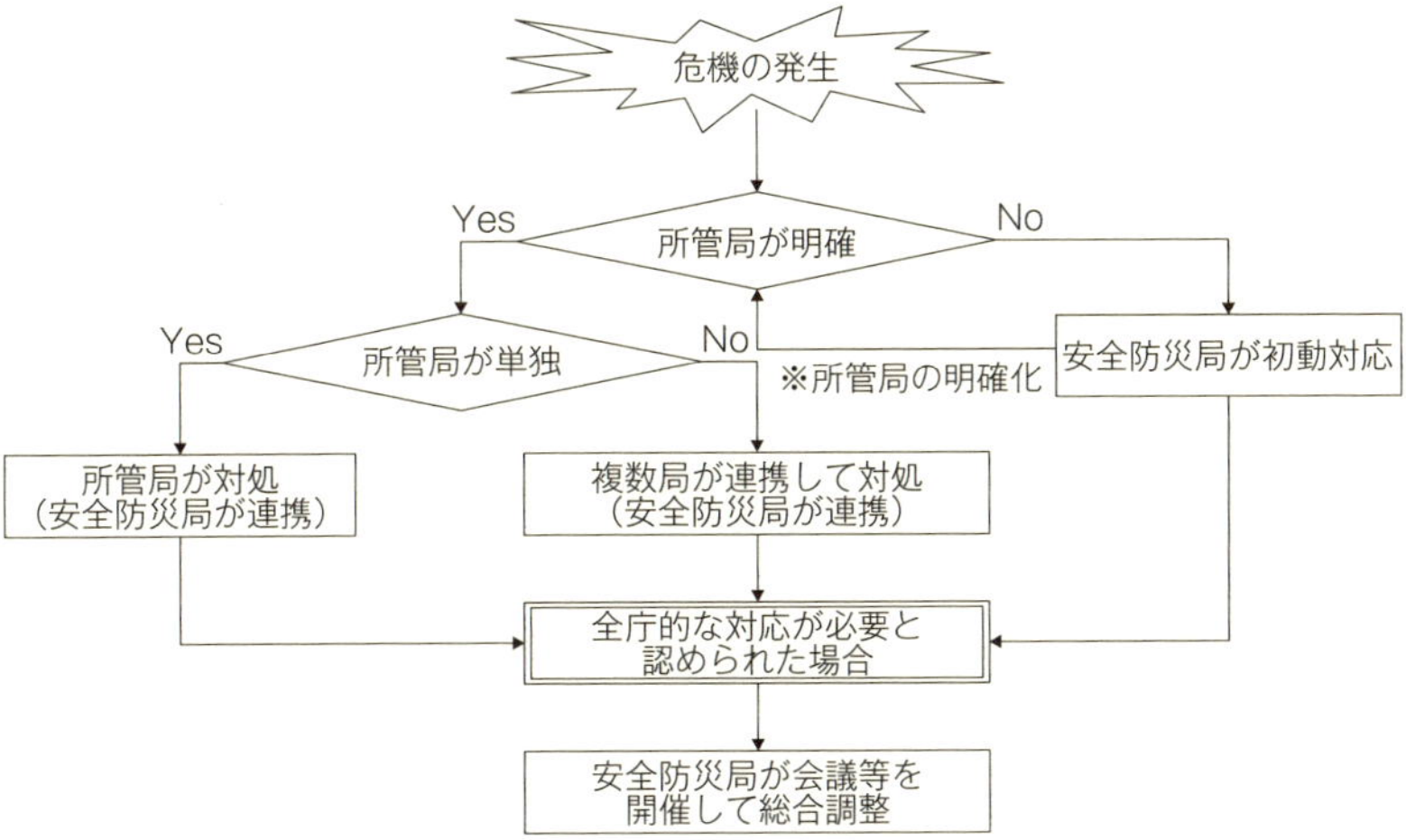

図8-2　危機対処体制の基本的考え方フロー

出所：神奈川県危機管理対処方針.

動対応」として情報収集等が行われ、「全庁的対応が必要と認められた場合」に「安全防災局が会議等を開催して総合調整」を行うことになる。更に、危機事象が発生した場合で、その被害規模等により、知事が全庁的な危機管理が必要と認めるときには、知事は神奈川県危機管理対策本部を設置し、危機事象への対処方針、対策等を決定し、実施される。

映画『シン・ゴジラ』では、その後、未知の巨大不明生物が蒲田に上陸したことに対応し、官邸は、災害対策基本法に基づく巨大不明生物に対する緊急災害対策本部を設置した。この時点で、神奈川県危機管理対策本部は、災害対策基本法に基づく神奈川県災害対策本部に移行するものと思われる。

このように、危機管理指針の策定により、映画『シン・ゴジラ』のように想定外の危機事案でも、危機発生時における意思決定や危機対応をスムーズに行うことができ、人的・物的・時間的ロスを最小限にすることができる。

(3) 市町村の危機管理システム

市町村の危機管理システムについては、総務省消防庁の

「地方公共団体における総合的な危機管理体制の整備に関する検討会平成二〇年度報告書」（平成二一年三月総務省消防庁）(6)で整備指針が示されている。これに基づき、多くの市町村では、第三節の二「都道府県の危機管理システム」で述べた、危機事案全般に関しての統一的な体制のあり方や、全庁的な対応方針等を示す「危機管理指針」が作成されている。

危機管理指針を策定している市町村は、**表8-1**の地方公共団体における総合的な危機管理体制の整備に関する検討会の調査結果(7)によると、政令指定都市の大部分が作成済で、中核市、特例市も半数以上が作成済であるのに対して、一般市や町村と自治体の規模が小さくなるほど作成率が低くなっている。

一方、「作成する意向はある」と回答した割合は、村六〇%、町四九%、一般市四五%と規模の小さい自治体で高くなっている。この結果は、自治体の規模の大小にかかわらず、想定外の災害に対する危機意識が高くなっていることを表しているといえる。

a　市町村の危機管理指針（鎌倉市危機管理対処方針(8)）

映画の中でゴジラが再上陸した鎌倉市では、危機管理指針として

表8-1　市町村の危機管理指針の作成状況（調査基準日2008年4月1日）

（単位：%）

	指定都市	中核市	特例市	一般市	町	村
危機管理全般を規定する指針の作成	59	36	30	20	12	11
災害対策基本法、国民保護法で対応できない危機の指針を作成	41	15	26	6	3	3
現在作成中	0	13	2	5	1	1
作成する予定はある	0	8	7	5	4	5
作成する意向はある	12	21	40	45	49	60
作成する予定も意向もない	0	15	12	23	31	21

注：危機管理指針とは，危機管理事案に的確に対応するために，特定の事案に限定せず，危機管理事案全般に関して統一的な組織のあり方や，全庁的な対応方針等を示すもの.
出所：総務省消防庁「市町村における総合的な危機管理体制についての調査結果」23頁.

「鎌倉市危機管理対処方針（平成二九年三月）」が定められている。この対処方針では、鎌倉市の危機管理の基本を定め、総合的に不測の事態に適切な対応をとることにより、市民（観光滞留客等を含む）の生命、身体及び財産の安全を確保することを目的としている。

対象とする「危機」は、市民の生命、身体及び財産に重大な被害を及ぼす事態又は及ぼす恐れがある事態とし、具体的には、災害対策基本法の「災害（自然災害及び都市災害）」、国民保護法の「武力攻撃事態等」、災害や武力攻撃事態等以外の「事件等の緊急事態」を対象としている。

危機発生時の緊急対策として、次の①〜⑤に掲げ危機発生時の初動対応について定めている。

①市は危機の種別状況に応じて、危機管理担当部署及び関係部署を中心に事態の情報収集と分析の実施、及び全庁的な対応が必要な場合の市対策本部の設置

②市民、事業者、関係機関等と連携・協力した人命救助・救急医療・消火活動、被害の拡大防止等の緊急対策の実施

③本市だけでは対応ができない場合の自衛隊、他の地方自治体等への応援要請

④あらゆる広報手段を活用し、迅速かつ正確な市民への情報提供

鎌倉市由比ケ浜の風景

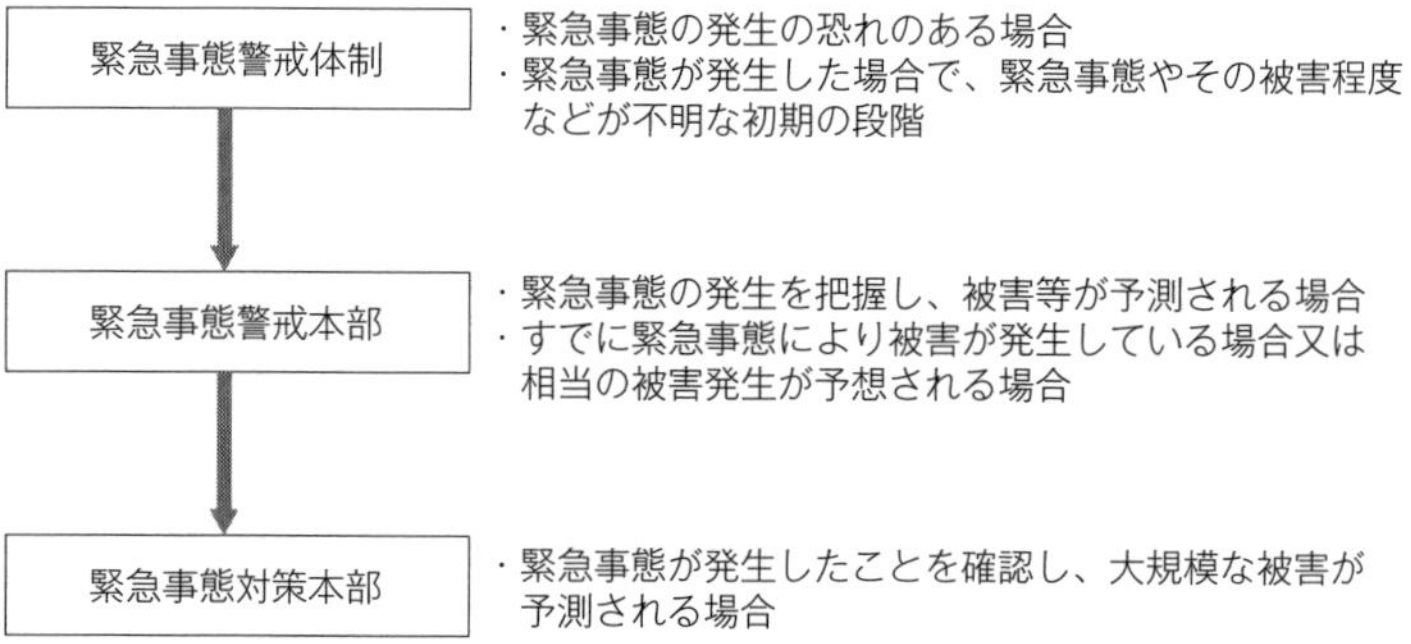

図8－3　緊急事態発生時の組織体制の概要

出所：鎌倉市緊急事態対策計画（平成29年３月鎌倉市）.

⑤災害時要配慮者に対する情報提供や避難等の誘導の実施

この鎌倉市危機管理対処方針に基づく危機対応計画として、鎌倉市地域防災計画、鎌倉市国民保護計画、鎌倉市緊急事態対策計画が策定されている。

この鎌倉市危機管理対処方針から、映画『シン・ゴジラ』の危機対応を想像すると、東京湾での水蒸気爆発から巨大不明生物の出現に対応して、鎌倉市危機管理対処方針に基づいて危機発生時の緊急対策として、危機管理担当部署及び関係部署を中心に情報収集と分析が行われ、緊急事態の発生の恐れのある場合は、その規模や被害等の状況に応じて、図8-3の緊急事態警戒体制、緊急事態警戒本部、又は緊急事態対策本部が設置される。

映画では、その後、未知の巨大不明生物が蒲田に上陸に対応し、官邸は、災害対策基本法に基づく巨大不明生物に対する緊急災害対策本部を設置するが、その時点で、鎌倉市は緊急事態対策本部から災害対策基本法に基づく鎌倉市災害対策本部に移行し、対策本部では、ゴジラの鎌倉市への上陸に備えて、火災の消火や住民の救出救護、避難等の対策が行われると思われる。

このように都道府県、市町村の危機管理指針は、地域防災計画や国民保護計画の対象とならない事案を含めた広範な「危機」に的確に対応するものである。危機管理指針の策定により、ゴジラの出現という想定外の緊急事態に対しても、時間的ロスを最小限に組織体制を平常時の体制から　緊急事態発生時の体制に切り替え、全庁的に対応し処理することができる体制が構築されている。

3　住民の避難について

これまで国、都道府県、市町村の危機管理システムについて述べてきたが、映画『シン・ゴジラ』では、ゴジラが鎌倉市由比ケ浜に再上陸した際に、鎌倉市や横浜市に避難指示が発令されるシーンが出てくる。この避難指示は、災害対策基本法、国民保護法、原子力災害対策特別措置法、水防法に基づくものがある。映画『シン・ゴジラ』では、緊急災害対策本部の設置等の災害対策基本法に基づく対応が行われているので、災害対策基本法に基づく避難指示等について見てみることにする。

災害対策基本法では、市町村長が図８-４の警戒区域の設定から避難勧告、避難指示及び避難準備情報・高齢者等避難開始について発令することができる。いずれも、災害により住民の生命、身体に危険が

災害対策本部

高い

	内　　容	根拠法令
警戒区域の設定	警戒区域を設定し、災害応急対策に従事する者以外の者に対して当該区域への立入りを制限し、若しくは禁止し、又は当該区域からの退去を命ずる	災害対策基本法第63条
避難指示（緊急）	被害の危険が目前に切迫している場合等に発せられ、「勧告」より拘束力が強く、居住者等を避難のため立ち退かせるための行為	災害対策基本法第60条
避難勧告	その地域の居住者等を拘束するものではないが、居住者等がその「勧告」を尊重することを期待して、避難のための立退きを勧めまたは促す行為	災害対策基本法第60条
避難準備・高齢者等避難開始	・要援護者等、特に避難行動に時間を要する者は、計画された避難場所への避難行動を開始（避難支援者は支援行動を開始） ・上記以外の者は、家族等との連絡、非常用持出品の用意等、避難準備を開始	避難勧告等に関するガイドライン（内閣府（防災担当））

拘束力

低い

※市町村長が避難指示等を出せない場合は、都道府県知事が発令する。

図８－４　市町村長の避難に関する権限等

出所：「災害時の避難に関する専門調査会」参考資料集，平成24年３月中央防災会議（著者一部改変）．

及ぶ事態が予想された場合に、安全な場所への避難を促すために発令されるものである。図8-4に示すとおり、その拘束力は危険度で四段階に区分されている。映画では、「避難命令」という用語を使用しているシーンがあったが、法律上は「避難命令」という用語はなく、類似のものとしては、災害対策基本法第六三条の警戒区域設定時の警戒区域外への退去命令がある。

洪水、土砂災害、高潮、津波等の災害に関する避難指示等を発令する場合は、避難を要する理由、避難勧告、避難指示の対象地域、避難先とその場所、避難経路の避難情報を明確にして発令する必要がある。このことから、災害対策基本法では、地域のハザードを熟知している市町村長を避難指示等の発令権者としている。

映画では、ゴジラが鎌倉市由比ケ浜に再上陸と同時に迅速に避難指示が発令されたが、『地震の避難所では役に立ちません。新たな避難場所の指示を問う』のセリフに代表されるように、ゴジラに関する情報がないことで、不十分な避難指示となり混乱したシーンが続く。

実際の災害でも、阪神・淡路大震災時に神戸市東灘区のＬＰＧタンクのガス漏れ事故で、東灘区の約七万人に避難勧告が発令された事案があった。この避難勧告に対して、東灘署には「ガスが漏れて爆発するとラジオで言っていた」「どこまで逃げたらええんや」と電話が殺到するなど、避難勧告が住民に混乱をもたらした事案であった。(9)

地震によるＬＰＧ漏れは、誰も予測していなかった想定外の事故であったため、ＬＰＧタンクのガスが爆発した場合に、被害がどこまで及ぶのか、爆発の威力はどの程度なのか、正確にはわからないという情報不足が混乱を引き起こした。

洪水、土砂災害、高潮、津波等の想定内の災害については、ハザードマップの整備や予報技術の進歩で、避難の時期や避難先等の避難情報を適切に示すことができるが、想定外の緊急事態については、緊急事態が発生してからゼロから短時間で情報収集・分析を行わなければならず、迅速に適切な避難情報を出すことはきわめて困難であるといえる。この想定外の緊急事態では、臨機応変な判断が大切で、危機管理に携わるものには、臨機応変な対応を行える知識、判断力が求められているといえる。

おわりに

第三章で述べた国、都道府県、市町村の危機管理システムは、国においては、内閣官房（事態対処・危機管理担当）で、あらゆる緊急事態に対して一元的に総合調整を行うため、緊急事態における初動対処の概略フローが整えられ、都道府県及び市町村においても、危機事案全般に関しての統一的な体制のあり方や、全庁的な対応方針等を示す危機管理基本指針（又は危機管理指針）が作成されている。このように、映画『シン・ゴジラ』のような想定外の緊急事態でも、迅速に初動体制を整えることができる想定外に強い危機管理システムが構築されているといえる。

しかし、第四章で述べたように、想定外の緊急事態では、ゼロから短時間で情報収集・分析を行わなければならず、適切な救急救助活動、避難誘導等の初動活動を導き出すことは困難であることも事実である。しかし、映画『シン・ゴジラ』は人類の英知を結集し、ゴジラの危機からの脱出に成功した。この映画は、我々に想定外の緊急事態であっても臨機応変の対応ができるように、知識、判断力を養う努力を積み重ねていくことを呼び掛けているように思われてならない。

参考文献

（1）内閣府「緊急事態に対する政府の初動対処体制について（平成一五年一一月二一日閣議決定）」二〇〇三年。
（2）総務省消防庁「東日本大震災記録集」二〇一三年、一九八頁。
（3）総務省消防庁「地方公共団体における総合的な危機管理体制の整備に関する検討会平成一九年度報告書」二〇〇八年、二九頁。
（4）総務省消防庁国民保護課「地方公共団体における総合的な危機管理体制についての調査」二〇〇七年。
（5）神奈川県「神奈川県危機管理対処方針」二〇〇四年。
（6）総務省消防庁「地方公共団体における総合的な危機管理体制の整備に関する検討会平成二〇年度報告書」二〇〇九年、一九頁。
（7）総務省消防庁「地方公共団体における総合的な危機管理体制の整備に関する検討会平成二〇年度報告書」市町村における総合的な危機管理体制についての調査結果、二〇〇九年、一二三頁。
（8）鎌倉市「鎌倉市危機管理対処方針」二〇一七年。
（9）『神戸新聞』「神戸新聞ＮＥＸＴ　ＨＰ―連載・特集―阪神・淡路大震災―震災発　七万人避難」https://www.kobe-np.co.jp/rentoku/sinsai/01/rensai/199503/0005610207.shtml（二〇一八年六月二〇日閲覧）。

第９章　「生命を守る地球磁場」の消滅!!

――二〇〇三年公開のアメリカ映画『ＴＨＥ　ＣＯＲＥ』の内容は現実となるか!?――

森永速男

はじめに

ＳＦ（サイエンス・フィクション）映画では、荒唐無稽なことが繰り返し起こります。観ている人は、それぞれの場面で登場人物の気持ちを疑似体験し、一喜一憂することになります。それこそが映画の醍醐味なのでしょう。しかし、「荒唐無稽」といっても、絶対にありそうにないことばかりを並べているわけではありません。何らかの科学的な情報が含まれ、少しだけ「あるかもしれない」という気持ちにさせられるからこそ、おもしろいのだと思います。そんな映画の一つである『ＴＨＥ　ＣＯＲＥ』（邦題は『ザ・コア』ですが、和訳すれば「地球中心核」）をエンターテインメントとしてではなく、科学的に観てみましょう。

この映画の冒頭では、以下のようなシーンが次々と登場します。

・突然、時計が止まる
・突然、心臓のペースメーカーを使用している人が倒れる
・交通事故が多発する
・鳥が異常な行動をする（建物や人にぶつかる）

そして極めつけは、

・宇宙から帰還するスペースシャトルが進路を誤り、壊れながらも街中の河川に着陸する

さらに、

・普段見られない地域で「オーロラ」が見られる

などです。

これら映画冒頭の描写から、皆さんは原因となった現象が何なのかを思いつくでしょうか?

実は、題名の『THE　CORE（地球中心核）』にそのヒントが隠されています。日本の学校教育では「地学」という科目が疎んじられており、その結果、十分に教育されていません。そのため、この題名から、「地球の磁場（地磁気）が関係しているのではないか?」と想像できる人は少ないと思います。といっても、一般社会でも、大学教育でも地磁気という現象があまり話題に上がらないので、ほとんどの人が思いつくことができないと思います。

スペースシャトル

地球中心核（コア）は固体である内核と液体の外核に分けられ、これらは主に鉄やニッケルといった金属物質からできています。この金属物質が外核内で流動していることから地磁気が発生しています。地磁気（磁力線）は地球を取り巻く「覆い」のような働きで、太陽から飛んでくる「太陽風」などの荷電粒子の地球表面への直接的な流入を妨げています。

つまり、この冒頭シーンでは、「地磁気が弱まり」、そのために「磁力線を頼りに飛んでいる鳥がいつものように飛べなくなり」、さらに「太陽風が地球表面までやってきたこと」を描写しています。また、「太陽風が地表に届く」ことで「精密器械である時計を止め」、「ペースメーカーやコンピュータ制御の車が誤動作を起こし」、「磁気嵐が起こって無線通信が麻痺し」、その結果「スペースシャトルが進路を間違い」、さらに「普段観測できない所でオーロラが見られた」と描写しているのです。

冒頭シーンの意味するところを簡単に述べてみましたが、依然「何のことか、わからない」と思いますので、一つずつ丁寧に説明してみましょう。

1　太陽風

太陽は、核融合という反応（水素が融合してヘリウムという元素をつくる

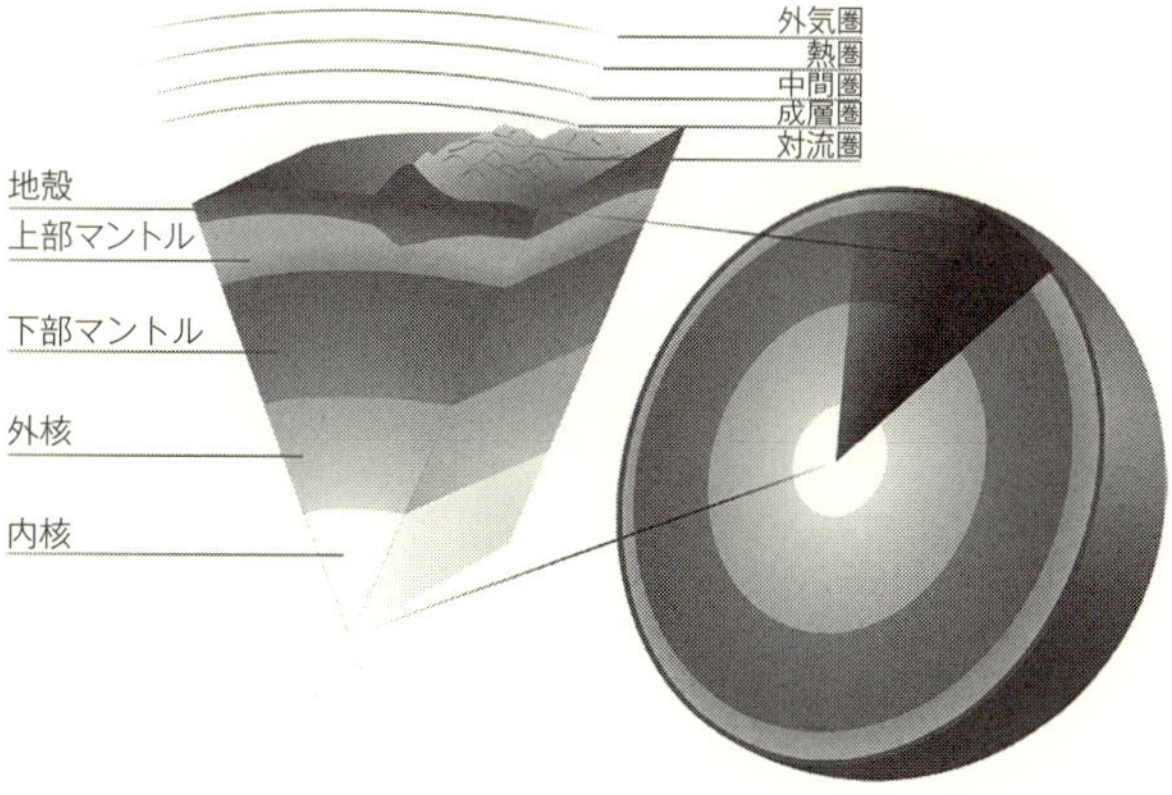

地球の構造（イメージ図）

過程）を通して輝いており、宇宙空間に「エネルギー、すなわち太陽光や太陽風など」を放っています。太陽風は、大気の流れである地球での「風」とは違い、高温で電離した（つまり、プラズマ状態の）粒子の高速流（平均秒速が約四五〇キロ）であり、太陽の外側に放射されています。この太陽風を主に構成しているのは水素イオン（陽子）と電子で、それらは大きなエネルギーを持っています。そのため、それらを直接浴びるのは生命体にとって大きな脅威（リスク）であると考えられています。

また、繊細な電子機器である時計、ペースメーカーや車の制御装置に対しても、これらの粒子は電気的なダメージを与え、誤動作を起こす可能性があります。

幸運なことに、現在の地球には地磁気があり、それが太陽風の構成要素である水素イオン（陽子）を地球の外側にはじき返したり、電子を北極と南極の両極地方に限定的に流入させています。両極付近の地球表面に向けて流入する電子は地球の大気（窒素や酸素など）に衝突し、その結果、エネルギーをもらった大気が発光する現象が「オーロラ」なのです（後で詳しく述べます）。

もしも、地磁気が弱まり、さらに進んで強度がなくなれば、水素イオンや電子は太陽側に向いている地球表面にまっすぐ進んでくることになります。このようになれば、「磁気嵐」が起こり、無線通信などの電波通信が異常をきたすことになります。

2　地磁気

地球中心付近にある外核は流動しており、その構成要素である鉄やニッケルによって地磁気が発生しています。

これを「ダイナモ（発電機）作用」といいますが、地磁気発生の詳しいメカニズムはまだ解明されていません。かの有名なアインシュタインも「難問」の一つに挙げていて、これが解明できればノーベル賞受賞は間違いなしです。皆さんも挑戦してみてはいかがでしょうか⁉

地磁気は主に双極子磁場（N極とS極の二つの極性を持つ磁場で、棒磁石などが作る磁場と同じです）からなり、磁力線は地理的な南極付近（N極）から出て北極付近（S極）に入っています。

電気的な性質を持つ太陽風の電子は磁力線に巻き付いて、南極地方もしくは北極地方に限定的に流れ込んでいます。流入する電子は、両極地方の上空一〇〇～二〇〇キロの高さで大気に衝突してエネルギーを与え、大気はもらったエネルギーを光として放出します。この発光現象が「オーロラ」で、太陽風（電子）と地球大気が関わって創る大空の芸術というわけです。寒い両極地方にできるため、オーロラの発生が寒冷な気候に関係していると勘違いしている人が多いと思いますが、そうではないのです。

また、もっと大きなエネルギーを持つ太陽風の水素イオン（陽子）はその多くが磁力線によってはじき飛ばされ、地球表面への流入が妨げられています。つまり、磁力線は、高いエネルギーを持つ水素イオンによる生命体に対するリスクを小さくしてくれていることになります。

私たちは、地磁気もしくは磁力線があることを直接肌で感じることはできません。でも、「方位磁石のN極が地理的な北（実は、ほぼ北）を指す」という現象で「地球には磁気がある」ことを知っています。

一方、鳥などの一部の生物（サケ、ミツバチやバクテリアなど）は「磁気（磁力線）を感じるセンサー」を持っていて、磁力線を使って進むべき方向を決定している（ナビゲーションの手段として利用している）と考えられています。

そのメカニズムは正確にはわかっていませんが、体内に磁気を感じるタンパク質（クリプトクロム）があるためとか、小さな磁石「マグネタイト（磁鉄鉱）」が磁気コンパスの働きをしているため、などと考えられています。特に、水棲バクテリアの中には、実際に小さなマグネタイトを体内に持っているものがおり、それを使って磁力線に沿って泳いでいます（このバクテリアをマグネトバクテリアといいます）。このように、生物のナビゲーションや生存にとって地磁気は重要な存在になっていいます。

3　地磁気の逆転（反転）

「方位磁石のN極が地理的な北を指す」ことはよく知られていることですが、実は、「それがかつて南を指していた時代があった」のはご存じでしょうか。

このことを「地磁気逆転」と呼びますが、過去には何度も何度も繰り返し起こってきました。もっとも最近では、約七八万年前に逆転し、その時から現在まで方位磁石のN極が北を指す時代になりました。つまりそれ以前は、N極は南を指していたということです。現在の人類が誕生する以前のことですから、道具としての方位磁石を知っている生物はいませんでした。ですから、困ることはなかったのですが、磁力線をナビゲーションに用いていたと考えられる鳥などの生物には何らかの問題が起こったと考えられます。逆転時に、それまでとは逆方向に飛んで行き、目的の場所にたどり着けなかったといったことがあったのかもしれません。マグネトバクテリアは生き延びるために地磁気（磁力線）を利用していますから、地磁気逆転は大変な出来事だったのではないでしょうか。

このような地磁気の逆転には一万年程度の時間がかかり、その間（逆転中）には地磁気の強度が弱くなっていたと考えられています。

現在の日本における地磁気強度は約五万ナノテスラ（ナノは一〇のマイナス九乗の意味、テスラは磁場強度の単位）ときわめて微弱です。市販されている磁気治療器の中には、二〇〇ミリテスラ（ミリは一〇のマイナス三乗の意味）の磁力を持つと謳われている製品があります。現在の地磁気強度を換算すると約〇・〇五ミリテスラになりますから、その磁気治療器の四〇〇〇分の一程度の強さしかないことになります。そんな微弱な地磁気にも関わらず、一部の生物はそれを感じるのですから、凄いことだと思いませんか？

ところで、地磁気が弱くなる（もしくはなくなる）ことでどんなことが起こるでしょうか？

すでにお気づきになったかと思いますが、地球表面に太陽風である水素イオン（陽子）や電子がまっすぐに到達してくると考えられます。もちろん、それら粒子は大気と衝突し、オーロラを発生することで、粒子のエネルギーは消失するか、弱められると考えられますが、地磁気があるときよりも多くの粒子が流入することになります。

このように流入した粒子のエネルギーは生命体のＤＮＡなどの組織に傷をつけるので、私たち生物にとっては大きなリスクとなるのです。

4　映画の続き

以上で解説したように、冒頭シーンは、地磁気が弱まったこと（なくなった）こと、そして太陽風がより強く地球表面に届くようになったことで起こりそうなことを描写していたわけです。

その後、映画では異常な出来事の原因が「地球中心にある外核の動きが止まったため」であると結論し、「外核の動きを復活させること」を考え始めます。その結果、「二〇〇メガトンの核弾頭を五個、計一〇〇〇メガトンの核弾頭を外核まで運び、爆発させ、外核の動きを蘇らせる」という方法を採用します。

そのためには、岩石を取り除きながら地中を進むことができる地中探査船が必要になります。地球の内部は深くなればなるほど温度が上がり、中心付近で六〇〇〇度にもなると考えられています。

一般に船体などに使われる鉄の融点（溶ける温度）は、一気圧の下で約一五四〇度です。ですが、地中の圧力は深さとともに大きくなっていきますので、そのため鉄の融点も高くなっていきます。とはいえ、外核は主成分として鉄やニッケルを含み、それらが溶けているほど高温なので、鉄でできた船体は少なくとも外核では溶けてしまうはずです。地中の岩石を取り除き、穴を掘りながら進み、そして船体が溶けないでいるためにはどうすればいいのか？

この映画では、「超音波」と「高周波パルスレーザー」を組み合わせて岩石を一瞬で破壊し溶かす装置と地球内部の高温でも溶けないとされる架空の超合金「アンオブタニウム」を用いた地中探査船「バージル」が登場します。

さらに、岩石を透かして先の物体が見えるCTスキャンのような装置などを準備し、乗組員の人選が進むうちに、地球上ではますます異常なことが起こり続けます。「スーパーストームが発生する」、その結果「多発する雷により、イタリアの歴史的遺産（コロッセオ）が破壊される」、「テレビが突然映らなくなる」、そして「猫が見えない者に向かって威嚇する」といったシーンが登場します。

その後、バージルは六人の乗員を乗せ、マリアナ海溝付近（日本の南、グアム島付近）の海から地球中心に向けて出発します。

マリアナ海溝にはチャレンジャー海淵（水深約一万九〇〇メートル）という世界でもっとも深い海があります。逆の言い方をすれば、地球中心から最も近い固体地球の表面がそこにあるということです。バージルは海中移動中に巨大地震に遭遇し、海底の乱泥流（岩石雪崩）という危機を何とか無事にすり抜けます。このシーンでは、「海溝が地球上でもっとも多くの巨大地震が起こるところ」ということを表現しているわけです。

さらに海中を越え、地中に侵入したバージルは、固体地球の表面部分にあたる地殻を通過し、さらにマントルへと順調に進んでいきます。

ちなみに、地球の構造は表面から、地殻、マントル、そして核という大きく三つの部分に分けられます。ですから、玉子の殻、白身、そして黄身という構造によく例えられます。このような地球の内部構造は地震の波の伝わり方を解析して理解されるようになりました。

地上では、ますます地磁気が弱くなり、地表を直撃するようになった太陽風が猛威を振るい、車や橋などが太陽風に焼かれ、海中の生物がどんどん死んでいくシーンなどが描かれます。

しかし外核に入ったところで、予想よりも外核の密度が小さすぎて一〇〇〇メガトンの核弾頭では外核を動かせないことが判明します。そこで、地上スタッフのアイディアが示されます。軍事的に開発された人工地震発生装置「デスティニー」を起動し、外核を動かすというアイディアです。こんな装置があったのなら、そもそも地中深くで核弾頭を爆発させる必要などなかったと気づかされるのですが、実はアメリカ政府要人はこれを秘密にしていました。地球磁場が弱くなった、すなわち外核が動きを止めた原因がこのデスティニーの実験にあったことが明かされます。

デスティニーを動かすということは地中深くに潜入した作戦を断念し、バージルと乗員を犠牲にすることになるので、一人（デスティニーの開発関係者）を除いた残り三名の乗員は当初の目的を達成するために考えを巡らせます。

そこで思いついたのが五つの核弾頭を一気に爆発させるのではなく、タイミング良く連続して爆発させるという作戦です。さらに、バージルの推進力を供給する原子炉も爆発に用いることで、何とか外核を動かせることを思いつくのです。デスティニーの起動に反対の意見を持つ地上スタッフもおり、その中のコンピュータハッカーとして登場する人物がデスティニーのコンピュータをハッキングし、起動を阻止します。

その一方で、核弾頭の連続爆発も成功し、無事外核が動き始めます。外核の流動が復活し、地上では地磁気が復活し、元の状態に徐々に戻っていく様子が描かれます。

ところで、バージルの推進力を供給していた原子炉が外核の再生に使われたのですが、これはバージルが自力で地上に戻ることが叶わないことを意味しています。しかしバージルを作った材料である超合金「アンオブタニウム」は熱から電力を取り出せる素材であることに乗員が気づいて、外核の熱からバージルの推進力を得ます。生き残った二人の乗員は外核からマントルに脱出し、マントル内にあるマグマの上昇流に乗って、ハワイ沖の海底まで無事にたどり着きます。

このシーンでは、バージルが短時間で地中から帰還しますが、ちょっとだけ地球科学の知識が利用されています。

マントルにはマグマを地表まで供給する「ホットスポット」と呼ばれる所があり、その出口が実際に地表の数カ所で確認されています。ハワイ諸島もそのようにホットスポットから上がってきたマグマで作られた島々であると考えられています。

現在のハワイ・ホットスポットはハワイ諸島南東に位置するハワイ島とその周辺にあり、現在そこではマグマが噴出しています。ハワイ島のキラウェア火山は有名で観光地にもなっていますが、「ロイヒ」という火山がハワイ東南東の海底にあります。バージルはその海底火山の火口からマグマとともに飛び出してきたと描かれているのです。

5　地磁気の消失は本当にあるのか?

この作品では、地磁気発生の原因となっている「外核の流動」を、兵器として開発された人工地震発生装置「デスティニー」が止めたことになっています。ただし巨大地震を発生させることで外核の流動が止まることはないと考えられます。

しかし、すでに解説したように、地磁気が逆転するときには長い期間にわたって地磁気は弱まり、そして消失します。それが外核の流動停止に伴って起こってきたのかどうか、残念ながら今のところわかってはいません。しかし少なくとも、過去には何回も地磁気逆転が起こっており、少なくとも今から約七八万年前には逆転し、今の地磁気の状態（方位磁石のN極が北を指す状態）に変わりました。この逆転時期には、間違いなく地球磁場が弱まり、短期間だけ消失したことでしょう。

地磁気逆転の繰り返しの連続記録は、過去一億七〇〇〇万年くらい前まで遡って復元されており、ある逆転から次の逆転まで、すなわちある極性の継続にかかる平均的な期間は四〇万年と考えられています。最近の逆転が約七八万年前ですから、現在の地磁気状態がすでに逆転しても不思議でないくらいの時間が経過していることになります。

すでに述べたように、地磁気が逆転する際には、徐々に強度が弱くなっていき、その後に極性が反転し、また強度が徐々に元の大きさに戻っていくという過程があることが知られています。過去の地磁気を復元する研究に携わっている研究者（古地磁気学者と呼びます。実は私もその一人です）は二〇〇〇年前頃から地磁気が徐々に弱くなり、現在ほぼ半分くらいの強度になっていることを突き止めています。ということは、現在地磁気は逆転途中の可能性があるということです。

このままの傾向が続くと、あと二〇〇〇年くらい経てば極性が反転し、その後逆の極性で徐々に強度が大きくなっていくと考えられます。つまり、すでに、太陽風が昔より多く流入しており、今後時間が経てば経つほど、より多く入ってくることになります。太陽風の影響が現在どの程度現れているのか、太陽風などの宇宙からの高エネルギー粒子（宇宙放射線）を機器で観測してきたのが数十年と短いこと、その影響による変化がゆっくり起こっていることから現状では影響の評価は難しいのです。

6　生物の絶滅と進化

地球は四六億年前に誕生し、四〇億年ほど前に生命が存在していたと考えられています。その最初の生命体から当初ゆっくり進化してきた生物は、五億四〇〇〇万年前頃から急激に進化するようになりました。この時のことを、宇宙誕生の「ビッグバン」に擬えて、「生物のビッグバン」、またはカンブリア紀の始まりに一致するので「カンブリアン・ビッグバン」と呼びます。

また、進化とは逆に生物の絶滅も多く起こってきました。つまり、絶滅と進化は同時に進んできたということです。

五億四〇〇〇万年以降、これらが累進的に起こってきた理由としては、地球の環境が生物にとって快適な状態に変わってきたことがあげられます。

地磁気ができて太陽風を遮るようになったこと、光合成を行う植物の誕生によって動物の生存に不可欠な酸素が作られるようになったこと、酸素が大気中に増えてオゾン層が形成され紫外線を遮るようになったことなど、地球誕生以来徐々に進んできた環境変化がそれらです。その一方で、新たにできあがった環境に適応できない生物は絶滅してきたことになります。

有名な恐竜の絶滅（中生代と新生代の境界である六五〇〇万年前、アンモナイトもこの時に絶滅しました）は巨大な隕石が衝突したためと考えられていますし、二億五千万年前（古生代と中生代の境界）には、海洋生物の多くが絶滅したともいわれています。

カンブリアン・ビッグバン以降には、カンブリア紀、オルドビス紀、シルル紀、デボン紀、石炭紀、二畳紀（以上、古生代）、三畳紀、ジュラ紀、白亜紀（以上、中生代）、古第三紀、新第三紀、そして人類の時代である第四紀（以上、新生代）という時代区分があります。五億四〇〇〇万年前以降にこのような時代に分けられているのは、それぞれの時代に繁栄した生物がいること、逆の言い方をすれば、ある時代の終わりにはある種の生物が絶滅したことを意味しています。巨大隕石衝突のように、生物絶滅の原因が提案されているものもあれば、まったく原因が分かっていない生物絶滅がたくさんあります。

原因の突き止められていない生物絶滅に地磁気逆転が関わっている可能性はないのでしょうか？

この点についても、実のところよく分かっていないというのが現状ですが、人類が経験したことのない地磁気逆転が起こっている可能性があるわけですから、甘く考えるわけにはいきません。

7　経験したことのない大変な時代がやってくる!!　だから、そのリスクに備えておきたい!!

予想では、二〇〇〇年ほど先に地磁気が消失することになりますが、すでに現在、地磁気は弱くなっています。そして、引き続き人の人生よりもゆっくりとしたスピードで地磁気は弱まっていくと考えられます。また、現在まだその影響は分からないとしても、気づかないうちに影響が出ている可能性があります。地磁気が私たち人類をはじめとする生物にもたらしてくれている恩恵をより深く理解し、それが弱くなり、なくなったときに起こることを前もって研究していくことが重要だと考えられます。

宇宙ステーションでは、そのようなことを想定した生物実験が行われています。メダカやショウジョウバエだけではなく、宇宙飛行士の健康管理を通して太陽風を含む宇宙からやってくる宇宙放射線の生命体への影響を評価しようとしています。

宇宙航空研究開発機構（JAXA）のHPには、「私たちが地上で浴びている放射線は平均で年間約二・四ミリシーベルトですが、国際宇宙ステーション（ISS）「きぼう」では一日あたり〇・五～一・〇ミリシーベルトの宇宙放射線を浴びる」との記載があります。つまり、ISSでは一日で数カ月分の宇宙放射線を浴びていることになります。放射線の被曝線量は分かっているものの、それが人体にどれくらいの影響として、そしてどのような問題として現れているのかについては未だよく分かっていないようです。

このような現在の検討を参考にするとともに、人体など生物に対する影響を評価する際に忘れずに考慮してほしいのは、時間の効果です。宇宙ステーションなどで宇宙飛行士が過ごした宇宙滞在時間は最長でも約四三四日（ロシアのミールLD－4）で一年強でしたが、地磁気逆転に伴う地磁気の弱体化（すなわち宇宙放射線の被曝）の期間は少なく見積もっても数千年間続きます。このような長い時間の被爆が生命体に及ぼす影響を実験で調べることは難しくとも、現在行われている宇宙ステーションでの実験結果を地磁気逆転時へ適用することは可能だと思います。

この映画の中では、いろいろな異常現象が起こりました。地磁気の逆転が起これば、それらのいくつかは確実に起こるでしょう。さらに、現在はまだ想像できないようなことも起こる可能性があります。現在、私たちは遠い先の将来のことを考えず生活しています。地磁気逆転に伴うリスクが確実に現れるのが一〇〇〇年～二〇〇〇年先のこととはいえ、今からそのリスク対策を進めておくことは、きわめて重要だと思います。

第10章　コミュニティ防災における人的被害リスク低減策としての市民消火隊
――映画『ありがとう』に描かれた阪神・淡路大震災の市街地大火と救出――

大津暢人

はじめに

災害を扱った映画の中には、次の災害に向けたリスク管理のヒントが垣間見えることがある。映画『ありがとう』は、「ゴルフを趣味とする主人公が、プロになるためのテストを受ける」というサクセスストーリーでありながら、その前半約四三分間は阪神・淡路大震災における市街地火災（図10-1）と隣人の救出に時間を割いている。倒壊した家屋に火災が迫るが、消防職員を中心とした「公助」による消火・救出が間に合わない中、主人公ら住民が「共助」によって生き埋めになった住民の救出を試みる場面が、実話をもとに克明に再現されている。

本章の前半では、映画『ありがとう』に描かれた火災と救出について、どのような背景の中で発生したものか、映画の主人公モデルである古市忠夫氏へのインタビューも含めて、解説する。

後半では、映画のモデルとなった方々が後に結成した市民消火隊（図10-2）について、リスク管理を継続している事例として紹介する。

延焼遮断帯としての街路拡張のための区画整理や、建築の耐震化・不燃化といったハードウェアの整備が、震災後に行われた。加えて、地区の公園に小型動力ポンプというソフトウェアが配備された。それを十二分に活かして、十数年にわたり毎月の放水訓練を欠かさない、といったヒューマンウェアの側面を持つ市民消火隊の努力についても触れたい。

図10-1　神戸市長田区の火災現場から西を望む。右奥は須磨区の山並み。
（以下、写真は特記がない限り筆者撮影）

図10-2　焼け跡に新設された公園で訓練する若鷹公園市民消火隊。右端は古市氏。

「自助・共助・公助」のバランスの重要性や、「ハード・ソフト・ヒューマンウェア」のいずれが欠けても安全な社会は実現しないことを、この映画は教えてくれる。

将来にわたってリスク低減を期するため、防災を学び始めた学生や阪神・淡路大震災をご存じない世代の読者層も想定して、筆を進める。

1　映画『ありがとう』の概要

まずは映画『ありがとう』の概要を、以下に紹介したい。

監督…万田邦敏
原作…平山譲『ありがとう』
出演…赤井英和、田中好子、尾野真千子、前田綾花、薬師丸ひろ子ほか

平成七年一月一七日五時四六分、兵庫県南部地震による阪神・淡路大震災が発生した。建物が倒壊し、多くの住民が下敷きとなっていた。神戸市長田区の鷹取商店街（映画では、若鷹商店街）で、写真屋（デジタルカメラが普及する前、フィルムカメラで撮影した写真を現像する店舗）を経営しながら、消防団員でもあった赤井英和氏演じる主人公の古市氏は、火災が迫る中、近隣住民とともに生き埋め者の救出活動にあたった。鷹取商店街周辺では九九六棟が焼損、一〇五名が命を落とした。

地震後、復興まちづくりに奔走する中、たまたま焼損を免れた自分の車のトランクを開けると、ゴルフバッグが無傷のまま入っていた。震災で自宅兼店舗が全焼した古市氏は、ゴルフのプロテストの受験を決意した。（平成一八年公開。文部科学省選定）

2　阪神・淡路大震災における、救出と火災

映画『ありがとう』に描かれる阪神・淡路大震災を理解するために、同震災の概要をおさらいしておきたい。阪神・淡路大震災とは、平成七（一九九五）年一月一七日午前五時四六分に発生した兵庫県南部地震によるものである。発生場所と概要は、図10-3および表10-1のとおりである。

(1) 阪神・淡路大震災における救出

地震直後に、倒壊家屋等の下敷きとなって、一時的にでも生き埋めになったのが何名かは、悉皆《しっかい》調査が行われていないため、正確な数字は明らかではない。救出に関しては、「被災地全体で約一万八〇〇〇名が救出されているが、その内一万五〇〇〇名は隣近所の人たちによってなされており、しかも生存率は八〇％に近い(1)」との報告がある。救出事案の同時多発だけでも大変な災害であるが、それに加えて火災も発生した。

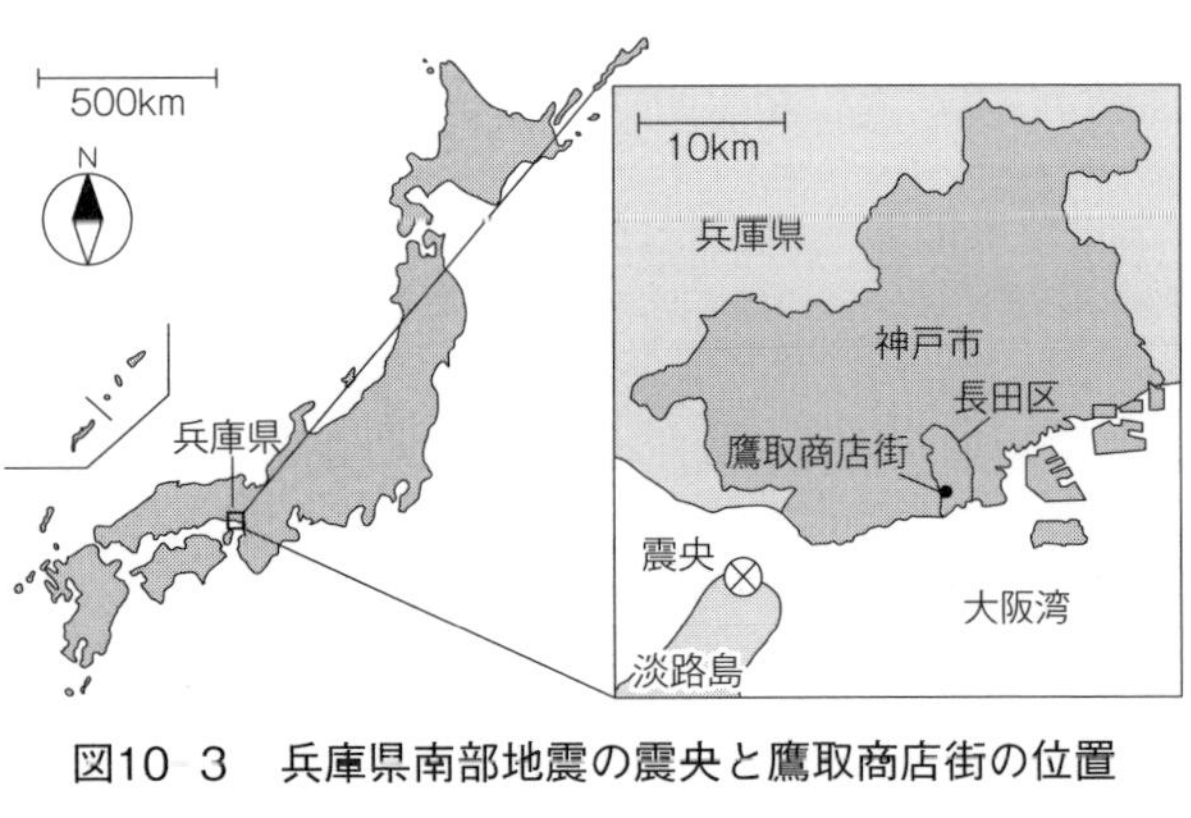

図10-3　兵庫県南部地震の震央と鷹取商店街の位置

（2）阪神・淡路大震災における火災

地震後、被災地全体では、二九三件の火災が発生した。地震後一〇日間の神戸市内に限っても、一七五件の火災が発生した。出火原因は、最多の「不明」を除くと、「電気」、「油・ガス器具」、「放火」の順で多い[2]。そのうち神戸市内で、地震発生から午前六時までの一四分間に同時多発的に発生した火災は五四件である。

表10-1　阪神・淡路大震災とその被害

発生日時	平成７年（1995年）１月17日（火）５時46分
地震名	平成７年（1995年）兵庫県南部地震
震央地名	淡路島北部（北緯34度36分、東経135度02分）
震源の深さ	16km
規模	マグニチュード7.3
最大震度	震度７
死者	6,434名
住家被害	639,686棟
火災	293件（焼損床面積835,853m^2、7,574棟）

出所：「阪神・淡路大震災について（確定報）」平成18年５月19日消防庁をもとに、筆者作成。

地震直後に同時多発的に神戸市長田区内で発生した街区火災（図10-4）のうち、一万平方メートル以上の焼損面積を計上した火災は五件であった。そのうちの一件が、映画内のオープンセットで再現された「若鷹商店街」こと、鷹取商店街付近で発生した火災（八万九〇九九平方メートル焼損）である。この火災の延焼阻止線は、北面はJR山陽本線、東面は幅員二六メートル（四車線）の主要地方道、南面は国道二号線と幅員七メートルの道路（一部に寺院の石垣あり）、西面は約一八〇〇平方メートルの大国公園と幅員八メートルの道路である（図10-5）。

神戸市内だけでも、地震発生直後から五四件の同時多発火災が発生した。それに対してすぐに出動できる第一線のポンプ車群は三八台であった（非常招集や乗り換えによって、出動可能な部隊数は順次増加した）。消火に必要な水を消火栓に供給する水道管が各所で破断していたため、消防車が到着しても放水できない事態も起こった。

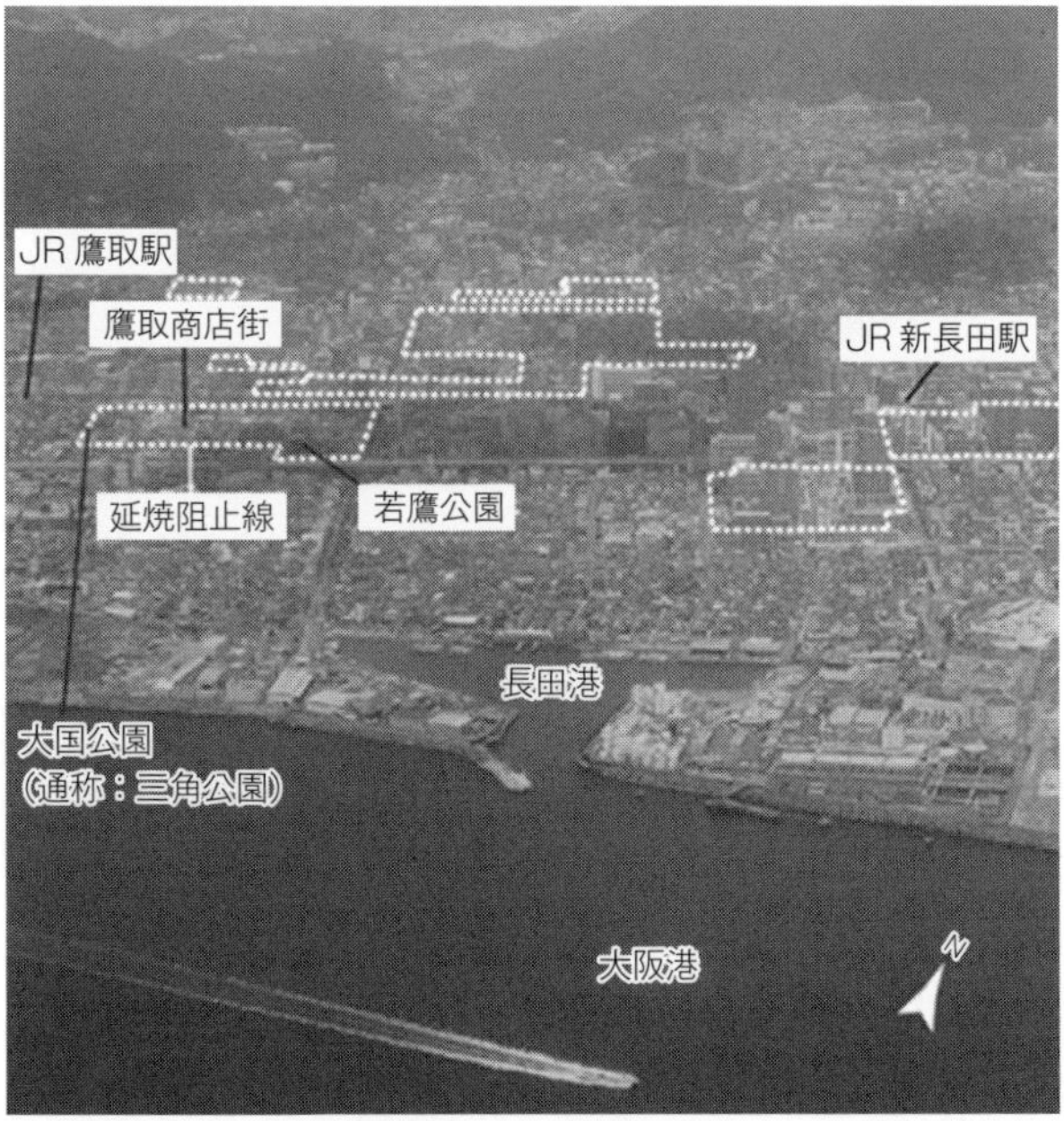

図10-4　長田区西部の大規模火災による延焼範囲（白破線内）

出所：文献２をもとに筆者撮影写真に加筆．画面左端の鷹取商店街付近の火災が，映画『ありがとう』で再現された．

消防水利は、部署（消防車が放水するために水利に接続すること）しやすい順に、①消火栓、②防火水槽、③池・河川などの自然水利、④海水、である。

水道管が破断したため、①消火栓が使用不能であったことから、映画の中で到着した消防隊長は、「防火水槽に部署して水利確保や」【映画二九分頃】と、②防火水槽への部署を指示した。ほどなく防火水槽の水も消火に使い切ったため、④海からホースを一キロ以上延長して放水した。これは、長田港に消防艇「たちばな」を接岸し、吸水した海水を、日本各地から応援に来たポンプ車を直列につないで火災現場まで延長した。道路を横断して延長したホースは、通過車両が踏んでいくため各所で破断したが、この現場では最終的に歩道橋（図10-5左の写真）上のホース延長で上下一〇車線ある国道二号線をまたぐことによって、安定した水圧と水量を確保した。

なお、放水の手段は、放水量が多い順に、①ポンプ車、②小型動力ポンプ、③バケツリレー等による市民消火、である。公設消防機関が到着できない場合でも、「市民消火により消し止められたと考えられる火災が一二件

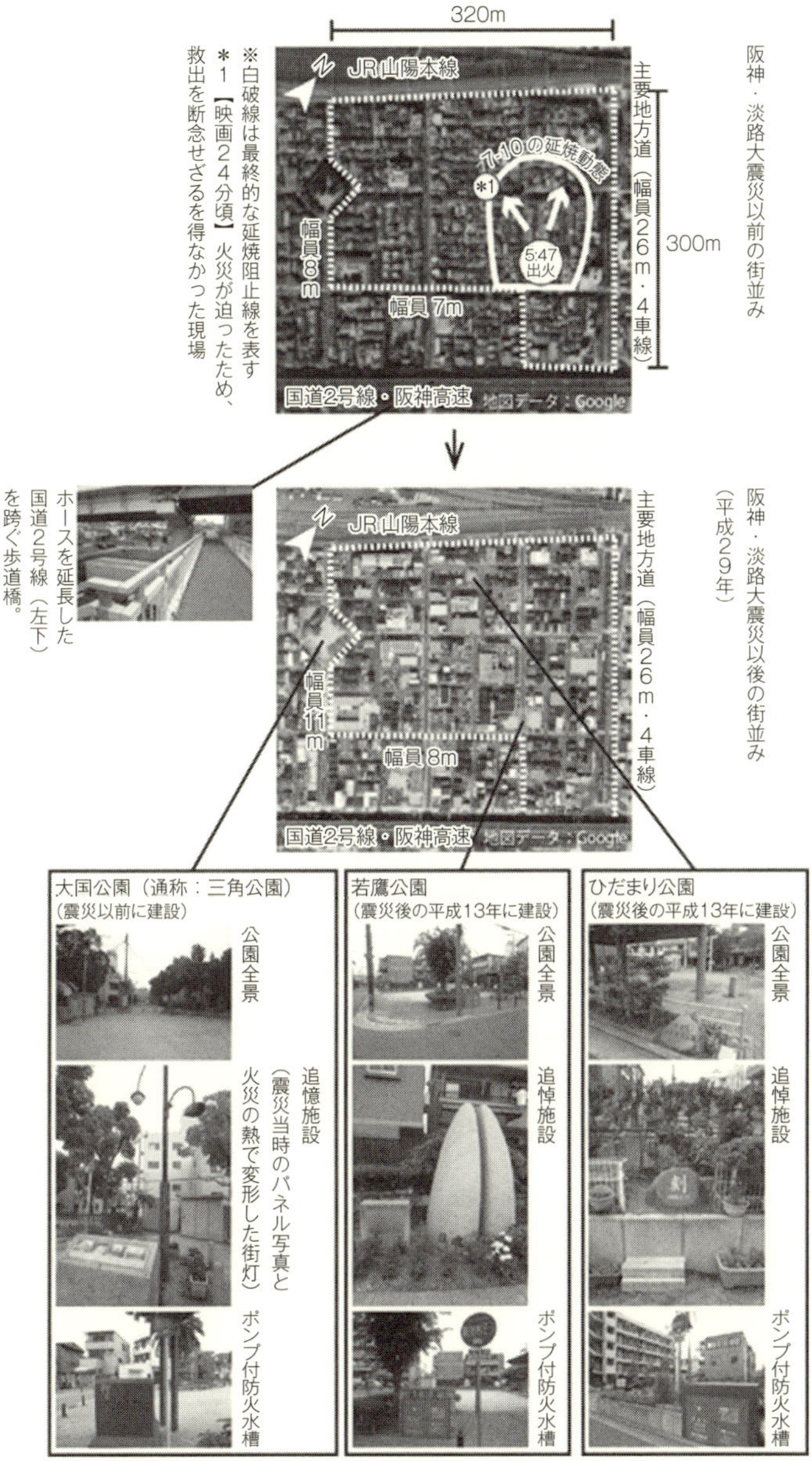

図10-5　鷹取商店街周辺の延焼阻止線ならびに、公園と追悼・防災設備

出所：文献2および古市氏への聞き取り調査をもとに筆者作図.

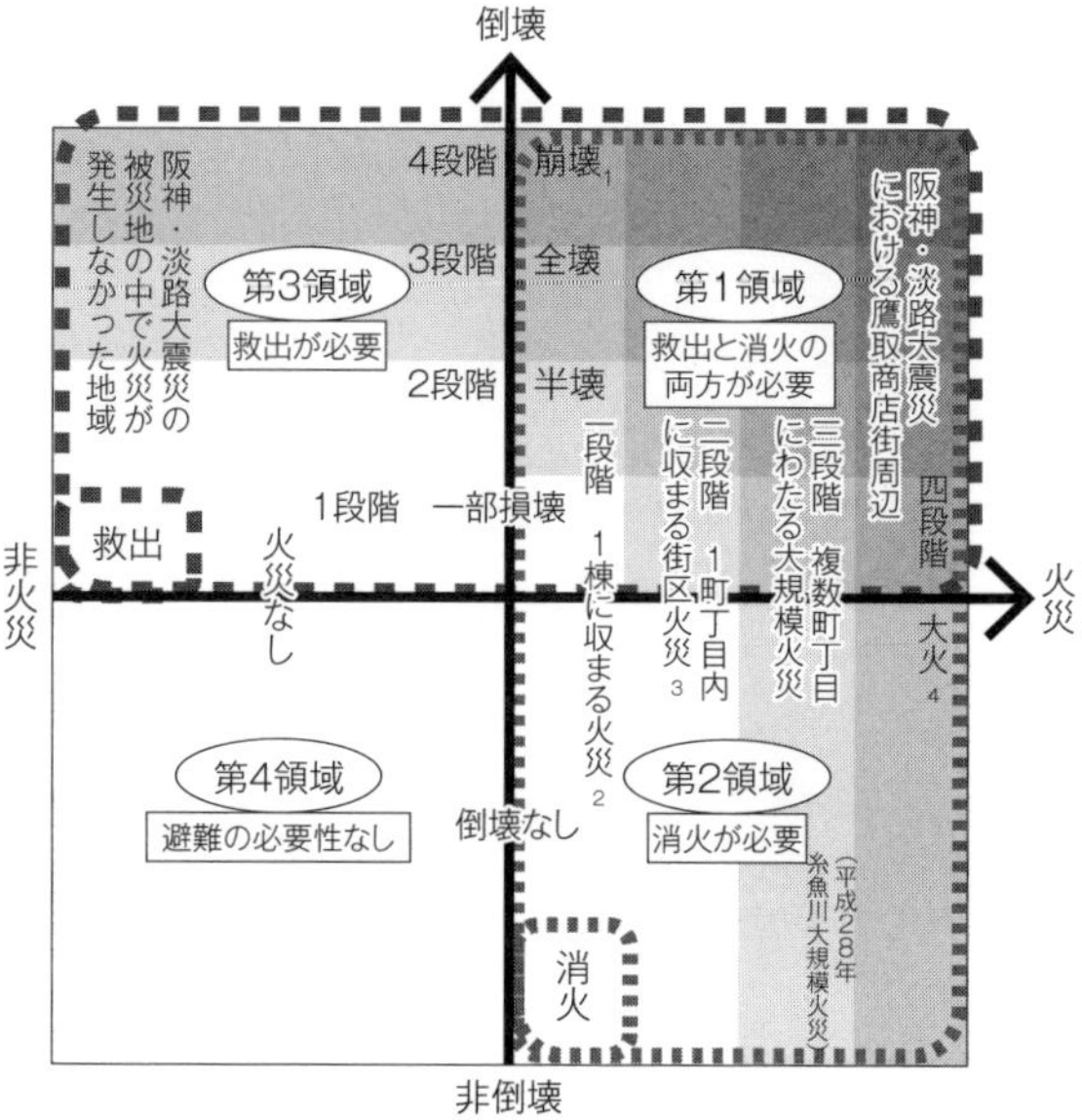

1) 崩壊：全壊の中でも座屈が見られるものや，原形をとどめない程の倒壊が見られる建築は，特に人命危険が高いため本稿では「崩壊」と分類した。
2) 住民による初期消火等が奏功し，隣棟への延焼阻止が成功した火災。
3) 町丁目内に収まる街区火災：町丁目の境の道路や公園で延焼阻止が成功した火災。
4) 大火：「大火とは，建物の焼損面積が３万3,000㎡（１万坪）以上の火災をいう。」[4]
5) 火災と倒壊以外に，津波など他の災害も同時に発生する場合は，さらに複合的な検討が必要となる。

図10-6　消火および救出が同時に必要な複合災害における対応困難性

存在する」[3]との報告がある。当時、市街地には住民の使用を想定した小型動力ポンプはなく、消火器やバケツリレーなどによる消火は困難を極めた。

(3) 消火と救出の必要性が同時に発生する対応困難性

ところで、消火と救出は、どちらか一方しか必要性が発生しない場合と、両方が同時に発生する場合では、対応行動の困難性や許容時間などの条件が、格段に異なる。鷹取商店街周辺のように、倒壊と大火の両方が発生した地区では、限られた人的資源を救出・消火のどちらに割くか、など厳しい判断が迫られる（図10-6）。図の右上の領域になるほど、対応困難性が増す。

大火のみで建築が倒壊していない場合であれば、居住者等が建築部材に挟まれて動けない、といった事態は発生しないので、平成二八年一二月に新潟県糸魚川市で発生した大規模火災のように、適切な避難によって「死者ゼロ」にすることも可能である。

一方、建築の倒壊のみで火災が発生しない場合や、消火に成功した場合には、延焼してくる時間に追われることはないので、二次災害の防止等の安全を確保したうえで、条件が整えば要救助者の容態にも配慮し輸液（静脈路確保を行い血圧低下を防ぐ処置）を並行して行うなど、丹念な救出活動を展開することができる。

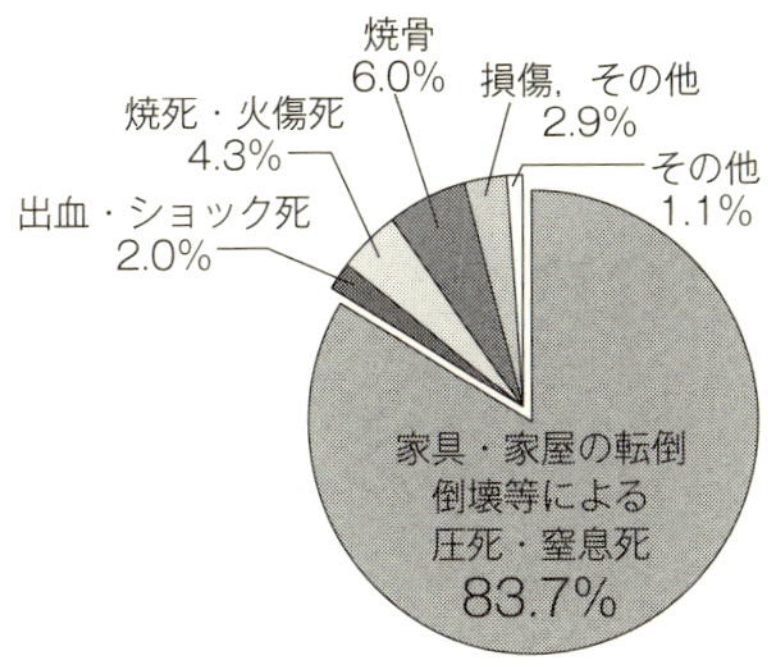

図10-7　阪神・淡路大震災における死亡原因

注：関連死および不明を除く。
資料：兵庫県警察本部

阪神・淡路大震災による、関連死を除いて判明している死亡原因は、図10-7のとおりである。建物の倒壊・家具転倒による圧死・窒息が八三・七%にのぼり、「焼死・火傷死」と「焼骨」を合計した火災関連が一〇・三%である。今後の対策としては、建築の耐震化や街区も含めた不燃化がまず重要である。

「焼死・火傷死」とは、文字通り火災によって亡くなった方であるが、「焼骨」とは、焼け跡からご遺骨が見つかったものの、圧死によるものか焼死によるものか判別がつかない方である。

火災関連の死者の中には、【映画二四分頃】に描かれたように、倒壊家屋に挟まれた妻を、夫が救出しようとしているところに火災が迫り、残念ながら救出を断念せざるをえなかった事例も含まれる。古市氏は、こう回想する。「救出しようと瓦礫を掘っていた時に、炎が迫ってきた。『私はええから逃げて。子ども頼むよ』と奥さん。『奥さん、堪忍《かんにん》な』と云って、泣く泣くご主人を羽交い絞めにして現場から立ち去った」。この事案は、延焼動態図をもとにすると、地震発生から一時間余りが経過した七時一〇分頃に発生したものと推定できる（図10-5）。

市街地大火の中での救出活動は、このように、倒壊した建物内を要救助者が埋まった場所まで掘り進み、障害物を除去し救出する、そして要救助者の声は聞こえているが、火炎が迫ったときには救出を断念せざるを得ない、という非常に過酷な状況の下に行われた。古市氏は続ける。「消防団の仲間や近所の方と一一人助けた。でもそれ以外に四人は助けようとしたけど、申し訳ないけど無理やった」。

3　リスク管理の一つの解としての市民消火隊

阪神・淡路大震災後、神戸市内には市民消火隊が多数設立された。阪神・淡路大震災での市街地大火におけるリスク管理の一つの解が、自主防災組織としての市民消火隊の存在とその継続した活動である。

この項では、市民が火災から街を守る仕組みの一つである若鷹公園市民消火隊（図10-2）について紹介する。

（1）市民消火隊とは

まず、震災時の火災の消火に当たる集団として「消防職員」、「消防団員」と「市民消火隊」の違いを図10-8に示す。

　阪神・淡路大震災後、耐震性防火水槽が神戸市内各所に整備された。既存改修も含め、その数は一四〇基以上になる。地下に一〇〇トンの消火用水をたたえる水槽があり、地下の消火用水を地上に吸い出す導水管が地上まで延び、導水管が地上に顔を出すところには火災の消火に用いる小型動力ポンプが設置されている。このポンプは、神戸市消防地水利規定によって、消防職員や消防団員による使用ではなく、市民が結成した「市民消火隊」が運用し消火することが想定されている。消防職員が運用する常備消防の消防車が到着できないなど公助が行き届かない場合に、共助による市民消火隊が消火や延焼阻止にポンプを使用する。

　阪神・淡路大震災以降に消防職員数は若干増加

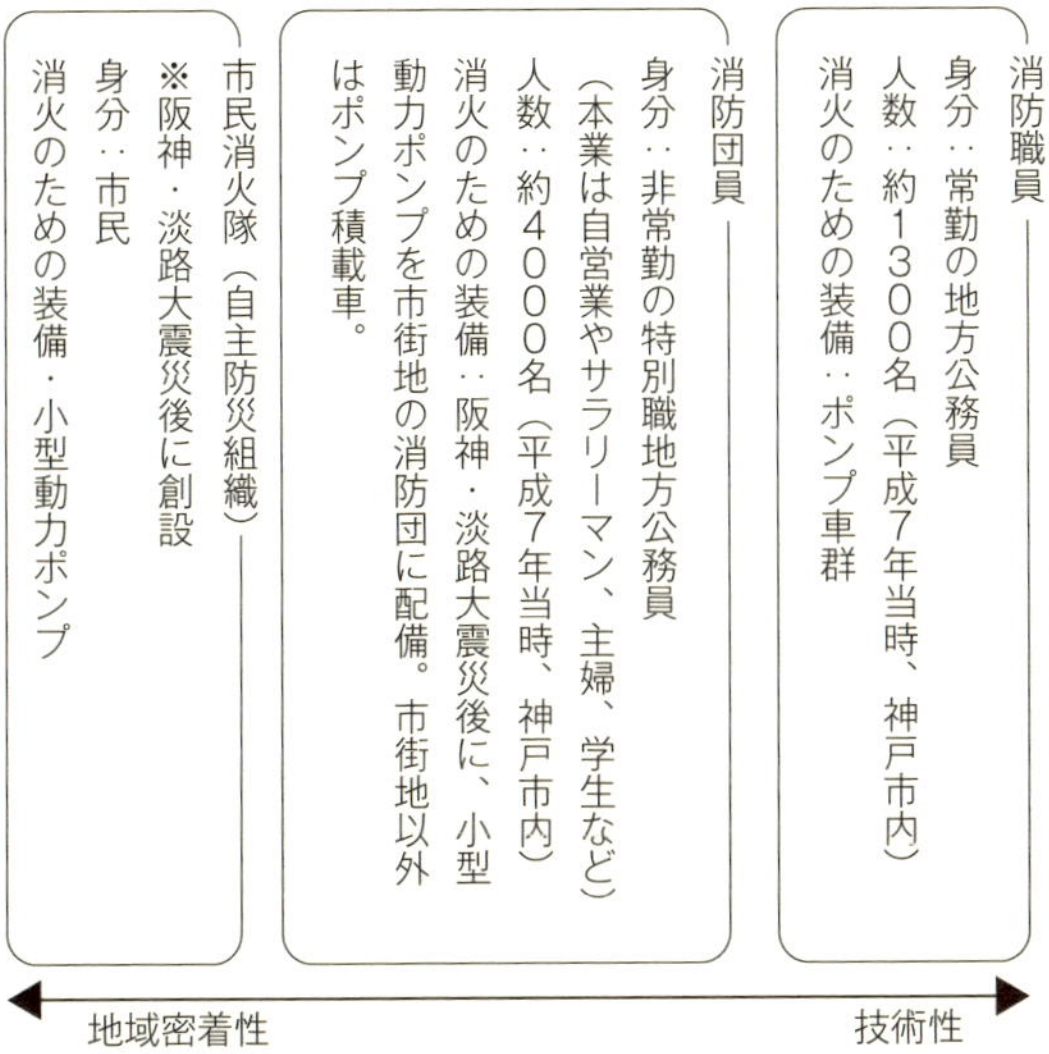

図10-8　消防職員、消防団員および市民消火隊の構成と特徴

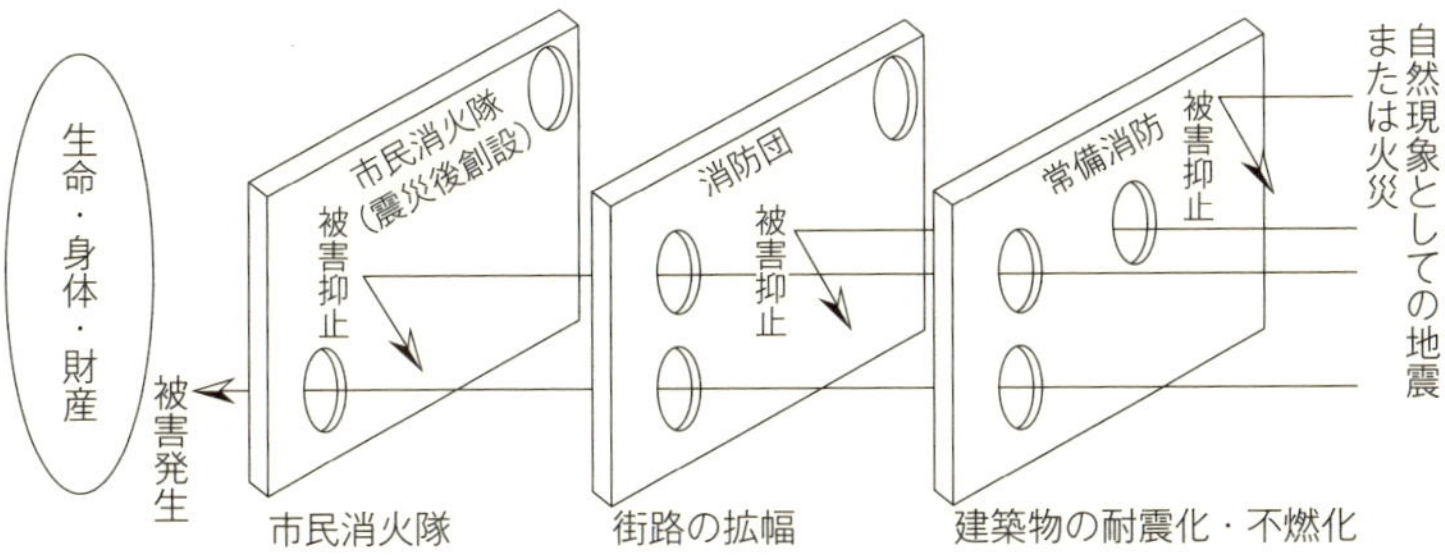

図10-9　スイスチーズモデルを用いた若鷹地区の被害抑止機構

したが、消防力の整備指針は大震災を想定したものではないため、すべての案件に対応することは難しい。

また神戸市内のみで二〇〇件近い火災が発生する大震災を想定した常備消防を設置することは、予算の面からも非現実的と思われる。常備消防が対応しきれない場合でも、スイスチーズモデル（図10-9）のように消防団や市民消火隊が多重防護壁となり、街を焼失から守る仕組みが大切である。また、耐震化・不燃化した建築や、拡幅した街路が火災を防ぎきれない場合に、市民消火隊が消火する、という軸においても、スイスチーズモデルが成り立つ。

（2）若鷹公園市民消火隊の創設と継続した訓練

映画で紹介された鷹取商店街付近には、阪神・淡路大震災から六年後の平成一三年四月に、若松鷹取公園（以下、「若鷹公園」という）とひだまり公園という新設された二つの公園（図10-5）に、小型動力ポンプ付き耐震性防火水槽が設置された。同時に、それぞれ「若鷹公園市民消火隊」と「ひだまり公園市民消火隊」と名付けられ、近隣の住民が放水訓練を行う体制が整えられた。

映画の主人公モデルである古市氏は、前者の若鷹公園市民消火隊に立ち上げ時から副隊長として参加している。

「二〇〇メートルしか離れていない両公園に、小型動力ポンプ付き耐震性防火水槽が一基ずつ設置されたのは、消火に対する住民の熱意の賜物や」と古市氏は語る。

「公園は、防災の核。平時は散歩やお祭りや訓練の場になる。有事には避難してきたり、消火や救出に打って出たりするための防災組織の拠点になる。阪神・淡路大震災では延焼阻止帯にもなった。だから市民消火隊の名前にも『公園』をわざわざ入れた」と、街区内の小さな防災公園の意義を強調する。

しかし、鷹取商店街付近の住民の方に頭が下がる思いがするのはここからである。道路の拡幅や家屋の不燃化というハードウェアでリスクを低減し、万一出火した際のフェイルセーフとしての小型動力ポンプというソフトウェアが配備されただけでは満足せず、鷹取商店街周辺の皆さんは、平成一三年から今日まで一六年以上にわたって、ほぼ毎月一時間の放水訓練という、ヒューマンウェアの鍛錬を行っている。

この原稿を執筆中の平成二九年七月三〇日にも、第一五九回放水訓練を実施した。訓練内容は、実際に耐震性防火水槽からポンプ二基で水を吸い上げ、二〇メートルホース八本を使用した「二線四口放水」の操法である。平成二二年からは、若鷹公園・ひだまり公園の両市民消火隊が合同で放水訓練を実施し、技術の標準化と大火を想定した連携に力を入れている。「市街地大火を繰り返してはならない」との思いから来た不断の努力が、地域の防災力を底上げしている。

「継続は、力なり」というが、コミュニティ防災分野においては、これが非常に難しい。特に東日本大震災以降は全国で、防災訓練やワークショップ、防災啓発イベントの開催を目にする機会が多くなったが、一度きりの訓練やイベントで地域防災力が向上するほど、現状は容易ではない。小型動力ポンプ付き耐震性防火水槽という設備が整っても、設置時に結成された市民消火隊が放水訓練を継続しないことには、次第にポンプのエンジンもかかりにくくなり、消火技術も向上しない。

(3) リスク低減の貢献要因

ここで、若鷹公園市民消火隊が大規模火災のリスク低減に貢献していると筆者が考える理由を四点挙げたい。

第一に、公園に設置された慰霊碑を前に追悼の心を持つと同時に、一六年以上にわたってほぼ毎月放水訓練を継

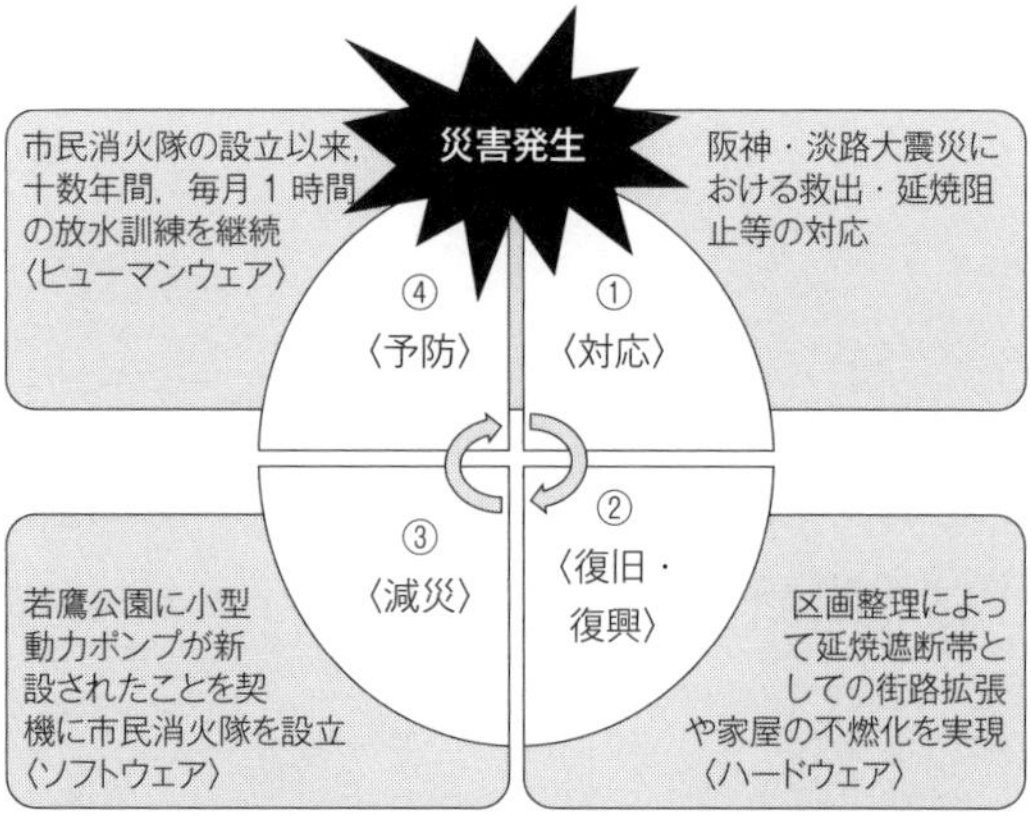

図10-10　若鷹公園市民消火隊における災害サイクル

続することによって、地域の安全文化が醸成されている点である。追悼のみであれば次の災害で実際に消火活動を行うことは難しいであろうし、訓練のみであれば前の災害から時が経ちルーティン化した時に意義を見失ってしまうかもしれない。追悼と訓練、これら両輪を同じ場所で行うことによって、継続性と実効性が生まれている。

第二に、発災から「① 対応」「② 復旧・復興」「③ 減災」「④ 予防」の災害サイクルは、よく知られるが、四つのフェーズすべてにわたって住民が主体的に関わりリスク低減を行っている点である。若鷹公園市民消火隊は、① 〈対応〉実災害での対応経験をもとに、② 〈復興〉区画整理によって延焼遮断帯としての街路拡張や家屋の不燃化を成し遂げ、③ 〈減災〉公園に小型動力ポンプが新設されたことを契機に市民消火隊を組織し、④ 〈予防〉以来一六年間、毎月放水訓練を実施している（図10-10）。

第三に、屋内での防災啓発のみならず、屋外で文字通り汗をかいて、実動訓練を継続している点である。ホースを担いで走って延長し、筒先を担いで走って結合し、伝令に走り、ポンプで地下の水槽から給水し放水し、泥まみれになったホースを巻いて撤収する。これを炎天下でも、雪の降る日でも、続けている。阪神・淡路大震災以前から、神戸市内には概ね小学校区単位で一六六の自主防災推進協議会が設立され活動していたが、防災意識の啓発と知識の普及に主眼を置いていたため、消火・救出といった実働が求められる震災では十分に力を発揮できなかっ

ガーナからの研修員に小型動力ポンプの機関操作を指導するひだまり公園市民消火隊。

ホース延長。

ひだまり公園市民消火隊（左）と若鷹公園市民消火隊（右）の二基のポンプを使用した揚水の指導。

一時間の訓練の最後は、二線四口放水で締めくくる。

図10-11　市民消火隊によるJICA研修員への放水指導

た[5]、という反省が生きている。

第四に、「自律した共助」という点である。市民消火隊結成時のポンプ設置や燃料の供給、使用したホースの乾燥は神戸市消防局が支援するが、年間一二回ある若鷹公園市民消火隊の訓練のほとんどに消防局をはじめ行政職員は立ち会っていない。大災害時には公助が行き届かない可能性があることを踏まえると当然の状況設定ではあるが、行政が立ち会わなければ成り立たない防災訓練も全国には多い中で、「自律した共助」による訓練は将来の災害におけるリスク低減に貢献すると考えられる。

以上のような体系的かつ継続的な取り組みを学ぼうと、市民消火隊には、海外からの視察も絶えない。平成二四年以降、各国政府の防災担当者などが日本の防災を学ぶＪＩＣＡ研修「コミュニティ防災」コースが七度訪れている（図10-11）。

「災害は忘れた頃にやってくる」は、寺田寅彦氏の言葉と伝えられている。災害を忘れず、実働訓練などでリスク軽減を欠かさない若鷹のみなさんに敬意を表するとともに、「災害はリスク軽減を忘れた頃・所にやってくる」との思いを新たにした。地震という「自然現象」を、震災という「災害」に移行させないために、命を守るための備えを継続的に行いたい。

(4) リスク管理の一つの解としての市民消火隊

大火や救出事案の多発を防止する方法は、以下のいくつかが考えられる。

① 延焼遮断帯としての道路の拡幅や公園の設置（建築の集合としての都市計画）
② 建築の耐震化と不燃化（個々の建築における対策）
③ ライフライン火災の防止（感震ブレーカーやマイコンメータなどの普及）

以上の都市基盤のみで〈予防〉的に出火・延焼を阻止できるシステムが最適であるが、一朝一夕には実現しない。そこで、以下の消火による〈対応〉も必要となる。

④ 常備消防や消防団による消火
⑤ 市民消火隊等の自主防災組織による消火

しかし、これらの〈対応〉も、〈予防〉段階における訓練が充実していなければ、多くを期待できない。以上みてきたように、阪神・淡路大震災における市街地大火におけるリスク管理の一つの解が、自主防災組織としての市民消火隊の存在と活動の継続である。

4 「被害情報なし」≠「被害なし」　危機管理における初動の判断基準

【映画一四分頃】、各地の震度を示すテレビ画面が映る場面がある（もっとも、地震直後に停電したので、被災地ではテレビを見ることはできなかったが）。その中で、大阪、京都や姫路の震度は表示されているが、その中間に位置する神戸の震度は示されていない。阪神・淡路大震災を経験された方がこれを見ても特に不思議とは思わないだろうが、経験されていない方は不思議に感じるかもしれない。

また、地震発生から約一時間後に、筆者が実際に聴いたラジオでは、「淡路島を震源とする地震があり、大阪で負傷者二名」と放送しており、神戸の被害には触れていなかった。なぜだろうか?

神戸では、電話を含めた、被害を伝える通信機能が地震によって不通もしくは輻輳状態になっていたため、初期の被害が正確に伝わらなかった、という事情がある。

災害の規模が大きくなればなるほど、壊滅的被害を受けた地域の被害情報は、即時には伝達されない。被害情報がまだ入っていない地域は「被害がない」のではなく、被害が甚大であるがゆえに被害情報を送る手段が機能しない、または送るいとまがない場合がある。「被害情報がない」ことをもって「被害なし」と判断するのではなく、初期に届いた被害情報がドーナツ状なら、その中心ではまだ伝達されていない「何か」が起こっている可能性を察する想像力が、救援する側の人間には求められる。

「被害情報なし」≒「被害甚大の可能性」があることを肝に銘じて、今後の危機管理に当たりたい。

謝辞

インタビューに快く応じてくださった古市忠夫様に感謝申し上げるとともに、市民消火隊はじめ地域防災にご尽力されている皆様に心から敬意を表します。

最後に、阪神・淡路大震災で亡くなった方々のご冥福をお祈りします。

参考文献

（１）河田恵昭「阪神・淡路大震災で得られた教訓とその総合化―震災から一年一〇カ月経過後の試み」日本自然災害学会、『自然災害科学』「阪神・淡路大震災〈特集〉」＝Journal of Japan Society for Natural Disaster Science 15(3)、183-193、1996-11-30.
（２）神戸市消防局「神戸市における地震火災の研究」、一九九六年。
（３）室崎益輝「市民消火、一九九五年兵庫県南部地震における火災に関する調査報告書」、日本火災学会、一九九六年。
（４）総務省消防庁「平成二八年度消防白書　付属資料一一　昭和二一年以降の大火記録」二〇一六年。
（５）神戸市消防局ホームページ　http://www.city.kobe.lg.jp/safety/fire/bokomi/bokomi3.html（二〇一七年七月一五日閲覧）

第11章　『太陽の蓋』にみる原発災害危機管理のリアリティ

古武家善成

1　東日本大震災（東北地方太平洋沖地震）と福島第一原発事故の発生

二〇一一年三月一一日一四時四六分、宮城県牡鹿半島東南東沖（三陸沖）一三〇キロ、深さ二四キロを震源とするマグニチュード（M）９・０の東日本大震災（地震それ自体を示す場合は「東北地方太平洋沖地震」）が発生した。

三月一一日の号外（朝日新聞）(1)には、大きな文字で「東日本大地震　宮城震度七　大津波」のヘッドラインが躍っている。この時点でのマグニチュードは８・４と発表されていた。一方、原発の被害状況については、「経済産業省原子力安全・保安院によると、東北地方にある原子力発電所の周辺で、放射能漏れなどの異常は報告されていない。このうち、女川原発（宮城県）一～三号機、福島第一原発一～三号機（福島県）、福島第二原発一～四号機（同）、東海第二原発（茨城県）は、地震の揺れを感知していずれも原子炉が自動停止した」とある。

しかし、原発に関しては一二日の朝刊（同）に「福島原発、放射能放出も」の記事が出て危機的な状況が徐々に明らかになってきた。また、地震の規模に関しても、推定精度を上げた修正値が繰り返し発表され、最終的にマグニチュード９・０という世界最大級の未曽有の大地震であることが明らかになった。

2　大震災と原発事故の概要

本論で取り上げる映画『太陽の蓋』は、この大震災と原発事故の危機に直面した首相官邸の五日間をリアルに描いた作品である。そこで、まず大震災と原発事故の概要について記しておく。

（1）東日本大震災

最初に述べたように、東日本大震災（東北地方太平洋沖地震）は二〇一一年三月一一日（金）一四時四六分に発生した三陸沖の北緯三八度六・二分、東経一四二度五一・六六分、深さ二四キロを震源とするマグニチュード9・0の地震であり、太平洋プレートが北アメリカプレートに沈み込む境界域で起きた逆断層型の超巨大地震である[2]。

この地震では震度七（宮城県栗原市）が観測され、一九九五年の兵庫県南部地震（阪神・淡路大震災：M7・3）、二〇〇四年の新潟県中越地震（M6・8）に次いで国内三番目の最大震度階級七の地震例となった（その後、二〇一六年に発生した熊本地震（M7・3）が四番目の事例となった）[3]。

それ以外の震度では、宮城、福島、茨城、栃木の四県三七市町村で震度

津波に流された仙台市宮城野区の沿岸部住宅地（2011年9月）

南相馬市沿岸部の震災廃棄物の山（2012年2月）

六強、北海道から九州地方にかけての広い範囲で震度六弱～一が観測された。津波に関しては、地震発生三分後の一四時四九分に大津波警報が発令され、検潮所観測値として九・三メートル以上、遡上高では四〇メートル以上の津波が広い海岸域に襲来した。余震は、震源域を中心に北北東―南南西方向に長さ約五〇〇キロ、幅約二〇〇キロの範囲で発生している。

余震の被害を含めた被害状況（二〇一七年三月一日現在）は、人的被害として死者・不明者：二万二一一八名、負傷者：六二三〇名、住居被害として全壊：一二万一七六八棟、半壊：二八万一六〇棟、一部損壊：七四万四三九六棟、計約一一四万六〇〇〇棟、火災発生：三三〇件に上った。(4)

被害額（二〇一一年六月公表）としては、建築建物：一〇・四兆円、ライフライン施設（水道、ガス、電気、通信・放送施設）：一・三兆円、社会基盤施設（河川、道路、港湾、下水道、空港等）：二・二兆円、農林水産関係：一・九兆円、その他：一・一兆円、計約一六・九兆円と見積もられている。(5) ただし、この中に福島第一原発事故関連の被害額は含まれていない。

（2）福島第一原発事故

次に東京電力福島第一原子力発電所の過酷事故について述べる。

福島県双葉郡大熊町と双葉町に立地する東京電力福島第一原子力発電所には、約三五〇万平方メートル（東京ドーム七五個分）の敷地内に六基の原子炉があり、いずれも沸騰水型軽水炉である。電気出力規模は一号機：四六万キロワット、二～五号機：七八・四万キロワット、六号機：一一〇万キロワットで、第一原発の総出力は四六九・六万キロワットとなる。運転期間は、地震発生時には一、二号機が三五年を過ぎ、一号機は四〇年を経過する直前だった。地震当日、一～三号機は通常運転をしており四～六号機は定期点検のため停止中であった。

事故の経過(6)を時系列的に述べると、地震発生時震度六強の揺れに見舞われ、通常運転中の一～三号機は一、二分で原子炉が緊急停止する自動スクラム状態になったが、約五〇分後の一五時三五分に遡上高一五メートルを超える第二波の津波が押し寄せ、原子炉の建屋が浸水した。そのため、地震動による影響と合わせ、外部電源や地下に設置されていた非常用電源のディーゼル発電機など一～五号機の全交流電源が喪失状態に陥った。

その結果、原子炉の冷却系がストップして炉が空焚き状態となり、一号機では一一日二二時頃、三号機では一三日一〇時頃、二号機では一四日二〇時頃にメルトダウン（炉心溶融）が始まった（その後の解析で、溶け落ちた核燃料は圧力容器を突き破り、溶けた炉心素材と混合したデブリ状態で格納容器の底に落ちたと推定されている）。

その間、一～三号機では原子炉の圧力容器や格納容器内を減圧するために弁を開いて放射性物質を含む水蒸気やガスを抜くベント（ベンチレーション：換気）がなされ、海水注入による炉の冷却も始まった。

しかし、一二日一五時三六分に一号機、一四日一一時一分に三号機の原子炉建屋で水素爆発が起こり、四号機建屋でも一五日六時一〇分に水素爆発が起こった。原子炉建屋は厚さ一メートルのコンクリート製だがいずれもその上部が吹き飛び、多量の放射性物質が放出された。

核燃料被覆管のジルコニウム合金が空焚き状態となり、格納容器内の水蒸気と反応して水素が発生すると、水素が容器外へ漏れ出して原子炉建屋に充満し空気中の酸素と激しく反応して水素爆発が起こる。定期点検中の四号機では炉中に燃料棒はなくジルコニウムの反応による水素発生はなかったが、三号機で発生した水素が共用部分のベント配管を通じて四号機建屋に流入したために、爆発したと考えられている。

一～三号機では圧力容器や格納容器自体の大爆発までには至らなかったが、メルトダウンによる炉の損壊により

低線量汚染土壌の集積　飯館村役場前（2012年２月）

圧力容器内から排出された高線量の放射性物質が、水素爆発や建屋からの漏出により環境中に多量に放出された。その結果一五日九時には、正門付近で一般市民の許容限度の一〇万倍以上である毎時一二ミリシーベルトという高い空間線量が検出された。放出された放射性物質を含む空気塊（プルーム）は、一四日深夜～一五日未明にかけて南西方向、その後北東方向に流れて栃木、群馬県を汚染、一五日朝～一六日にかけては北西方向に流れて福島県飯館村付近を高濃度に汚染し、二一日には南方向に流れて茨城県や東京都を汚染した。

一方、さらに大規模な放射能汚染が生じる可能性として、各号機建屋に保管されている使用済み核燃料のプールの水位低下があった。

使用済み燃料棒の中には燃えないウラン二三八（U^{238}：第三章参照）から生成された超ウラン元素や核分裂生成物が多量に残っており、それらの崩壊による崩壊熱が発生するため循環水で冷却し続ける必要があった。しかし、大震災により循環系が停止した状況で残りの冷却水が蒸発するとプールの水位が低下して燃料集合体（燃料棒の集合）が露出し、高温で溶け出すと、放射性物質が環境中に多量に飛散する恐れがあった。一～三号機建屋にも数百体の使用済み燃料集合体が保管されていたが、とりわけ四号機建屋には使用済み一三三一体、未使用二〇四体、計一五三五体の燃料集合体が保管されていたことから、四号機燃料プールの崩壊がさらなる大規模放射能汚染を引き起こすことが心配された。その後、この危機は注水・冷却作業が奏功して何とか回避された。

この事故は国際原子力事象評価尺度で最悪レベルであり、一九八六年のチェルノブイリ原発事故と同じレベル7の深刻事故（シビアアクシデント）と評価されている。福島第一原発の原子炉は、二〇一四年一月までに五、六号機を含む全てについて廃炉と決定された。

3　原発の構造と機能

原子力発電所の構造と機能を少し述べておこう。電力源はこれまで「水力」、「火力」、「原子力」の三種類に大別されてきた。もちろん現在では、太陽光、風力、地熱、バイオマスなど再生可能エネルギーを加えなければならないが、これまでの発電実績から考えれば、前記の電力源は重要な三大電源と言える。

三大電源のうち「水力」は、最近では再生可能エネルギーに分類されることも多くなった。しかし、小さな水路で小規模な発電機を回す「マイクロ水力（小水力発電）」はそうであるとしても、大規模なダムによる水力発電は環境にやさしい再生可能エネルギーとは言えない。

原子力発電所の構造は火力発電所のそれと類似している。火力発電所では石油、石炭、液化天然ガス（LNG）等の化石燃料をボイラーで燃焼させ、配管により供給された水をその熱で高温高圧の水蒸気にし、タービンを回して直結する発電機で発電する。一方、現在、日本の商業炉（実用炉）のすべてを占める軽水炉型原子力発電所では、燃料はウラン二三五（U235：〝燃える〟ウラン）で、ボイラーに対応する圧力容器の中でウランの核分裂反応により熱を生成する。その熱が、容器内に供給された水を「火力」の場合と同様に高温高圧の水蒸気にし、タービンを回す。両発電の最大の相違は熱源として化学エネルギーを使うか核エネルギーを使うかである。

そこで、少し詳しくなるが核エネルギー、とりわけ原子の核分裂反応から得られるエネルギーについて簡単に述べる。物質を構成する最小単位である原子は、その中心に原子全体の一万分の一の大きさで質量の九九・九％以上を占める原子核が位置し、周りに電子が存在する（原子の大きさは半径一〇マイナス一〇乗メートル、質量一〇マイナス二七乗～一〇マイナス二五乗キロ程度である）。

電子は負の電荷を持ち原子核の周りの軌道を回転しているように描かれることが多いが、これは原子の古典的モデルであり、実際には原子核を雲のように包んで分布する。

一方、原子核は陽子と中性子で構成されており、陽子は正の電荷を持ち中性子は電荷を持たない。通常の原子は電気的に中性なので陽子と電子の数が一致する。陽子の数を原子番号、陽子と中性子の数の合計を質量数と呼ぶ。互いにほとんど同質量であり両方で原子の大半の質量を占める陽子と中性子の合計数は、原子全体の質量の目安となることから質量数と呼ばれる。

同じ元素（すなわち原子番号が同じ）で中性子数が異なる（すなわち質量数が異なる）原子を同位体と言い、放射線を発するものを放射性同位体、放射性でないものを安定同位体と言う。放射性同位体は自然状態で原子核から粒子線（α線、β線）や電磁波（γ線）を出して他の原子核に変化していく。

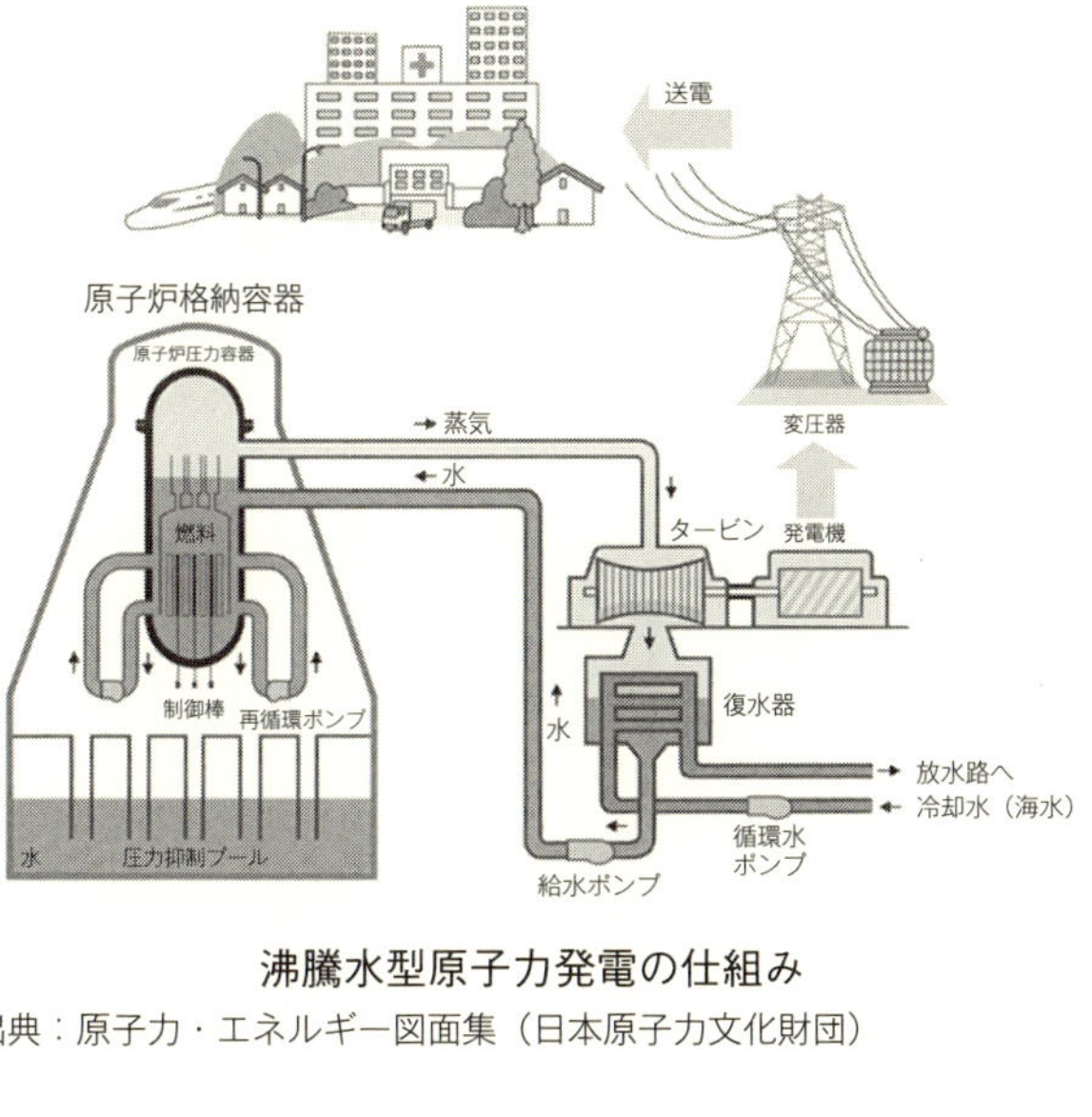

沸騰水型原子力発電の仕組み
出典：原子力・エネルギー図面集（日本原子力文化財団）

これを壊変と呼び、壊変で陽子数が変化した場合は別の元素に変わる。壊変により元の同位体数が半分になる時間が半減期である。

さて、電子は火力発電における化石燃料の燃焼のような化学反応に関わるが、原子核の陽子と中性子は原子力発電における核分裂反応に関係する。核分裂反応は、U^{235}一グラムで石油二キロリットル分、すなわち化学反応の二〇〇万倍のエネルギーを生成する。このような膨大なエネルギーを得られることが原子力発電の最大のメリットである。しかし、膨大なエネルギーを利用するが故にその運転・制御には最大限の安全性が求められる。

生成エネルギーを一瞬で放出（爆発）する原子爆弾とは異なり、原子力発電ではその反応速度はゆっくりしているが、原子力発電と原子爆弾とのエネルギー生成原理は基本的に同じ核分裂反応である。原子爆弾が有する殺傷力は放射線、熱、光、爆風、衝撃波等だがそれだけではない。〝死の灰〟と呼ばれる核分裂生成物が生成され、強い放射線を放出して曝露された人間に致死的な影響を与える。制御された核分裂反応を利用しているとはいえ、原子力発電でも致死的放射線や核分裂生成物は出るのである。

それでは、核分裂反応でなぜ放射線が出るのか。原子番号九二の元素ウランには三〇以上の同位体があるが全て放射性同位体で大半が一分以下の半減期を持つ。長期にわたり天然に安定して存在する同位体はU^{234}、U^{235}、U^{238}の三種（天然存在比は順に〇・〇〇五％、〇・七％、九九・三％）だが、原発の燃料には、核分裂しやすいU^{235}（ウラン二三五……陽子数九二、中性子数一四三）が用いられる。ただし、天然ウラン中の濃度が低いので燃料ペレットには三～五％に濃縮して用いられている。

原発の圧力容器中の核分裂反応は次のようである。U^{235}の原子核に中性子が当たると原子核は二つ以上のより軽い原子核に分裂し、それとともに大きなエネルギーや熱、光、および二～三個の中性子が放出される（核分裂反応）。

分裂で生まれたより軽い原子核の元素が〝死の灰〟と呼ばれる放射性核分裂生成物である。二～三個放出された中性子の一個が周辺のU^{235}の原子核に当たると同様の核分裂反応が起こり、それが連続（連鎖反応）する状態を臨界と言う。

なお、原発には連鎖反応が進みすぎて炉が暴走しないように、中性子を吸収して中性子数を調節する制御棒が装備されている。生成したエネルギーにより高温高圧の水蒸気になって発電機を回す役割を果たす水は、炉の暴走を抑える冷却水でもあり放出された中性子の速度を落として（水分子に衝突して速度が落ちる）U^{235}の原子核に当たりやすくする減速材の役割も果たす。

4　映画『太陽の蓋』と福山哲郎著『原発危機　官邸からの証言』

映画『太陽の蓋』は、東京中央新聞政治部鍋島記者の目を通して見た、東日本大震災および福島第一原発事故の発生後五日間の官邸ドキュメント風フィクションである。

映画のキャッチコピーに、「三・一一　危うい真実をあなたは目撃する。当時の閣僚たちが実名で登場する究極のジャーナリスティック・エンターテインメント」「真実に肉薄するポリティカルドラマ」とあるように、「三・一一」における官邸の五日間の真相を追う新聞記者をキーパーソンとし、民主党菅直人政権の官邸、記者クラブ、さらに東京や福島の現場で暮らす市井の人々の姿を対比的に描いた映画である。

菅直人首相、枝野幸男内閣官房長官、福山哲郎内閣官房副長官、寺田学首相補佐官らが実名で登場し、新聞記者鍋島役に北村有紀哉、官房副長官秘書官役に袴田吉彦、菅首相役にベテランの三田村邦彦が扮するなど、重厚な俳優陣が出演している。

この映画は監督佐藤太、脚本長谷川隆、上映時間一三〇分のカラー作品で、二〇一六年七月に全国劇場公開され、第四〇回モントリオール世界映画祭（二〇一六）にも正式招待出品された（DVDが第一書林より発売されている）。

この映画のプロデューサーである大塚馨氏は、インタビュー(7)の中で映画製作の経緯について、「『三・一一』の直後から映画化の企画はいくつかあったが、被災者を主人公にした感動作品が多かった。少し視点を変えたいと考えていたところ、福山哲郎著『原発危機　官邸からの証言』(8)に出会った。原作ということではないが、かなり重要な参考文献になっている。著者の福山氏には何度もインタビューするとともに、菅氏、枝野氏にも話を聞き、事故調報告書などの資料も読み込みながら、シナリオを一年かけて作り上げていった」と述べている。

前述の本の著者である福山哲郎氏は、映画にも実名で出てくる事故当時の菅内閣の官房副長官である。この本は、事故発生時から福山氏が書きとめていた「福山ノート」と呼ばれる詳細な資料をもとに記述されたもので、「三・一一」以降の官邸内部の五日間の動きが浮き彫りにされている。

『太陽の蓋』の試写会に出た映画業界関係者が、「いつの間にこれだけの規模の、原発タブーに触れた映画を完成させていたんだ」と述べたように(9)、この映画は日本の原発問題を深くえぐっている。それとともに、東日本大震災と福島第一原発事故時の官邸における混乱と、その中でも状況を改善しようとする人々の努力を描き、日本の政治中枢における危機管理の実態を我々に突き付けている。

5 『太陽の蓋』あらすじ

東京中央新聞政治部記者の鍋島は、震災一年後の福山哲郎内閣官房副長官へのインタビューを回想していた。鍋島には官邸が情報を隠したのではないかとの疑念があったが、福山は本当にほしい情報が官邸に全く上がってこなかった事実を明らかにした。

二〇一一年三月一一日一四時四六分、東日本大震災が発生した。官邸では福山官房副長官により緊急参集チームが地下の危機管理センターに集められた。そこへ女川、福島第一、第二原発の全ての炉が緊急停止したとの情報が入った。

一五時三七分、官邸で第一回緊急災害対策本部会議が開かれた。原発の状況を懸念する菅首相に対して、原子力安全・保安院の手島院長は特に問題ないと答えたが、一五時四二分に「福島第一原発の交流電源喪失。全冷却機能停止」との報告が入った。菅首相の叱咤に対し、手島は「私は東大の経済出身」と開き直るだけだった。原子力対策特別措置法に基づく原子力緊急事態宣言が発せられた。

福島第一原発の正確な状況を知りたかった鍋島は、退職した原子力担当の横山元記者に電話した。横山は、炉心冷却装置がダウンし炉心のメルトダウンの可能性があるから外部電源で冷却する必要があると言った。

危機管理センターではすでに電源車の手配が進められていたが、重い電源車を運べる自衛隊ヘリはなかった。現地に到着した電源車のプラグの形状が現地のものに合わないことがわかり、電気のプロとは思えない東日電力の失態が明らかになった。手島院長にかわり呼ばれた原子力安全委員会の万城目委員長は、ベントして炉圧を下げ冷却水を注入するしか方策がないと進言した。しかしベントは進まず、東電本店から派遣されていた原発に詳しい幹部もその理由がわからず業を煮やした菅首相は状況把握に現地へ飛ぶことを決意した。

官邸では、ベント実施に関する枝野長官の記者発表とともに菅首相のヘリによる現地視察の準備が進められた。記者クラブでは官邸を離れる首相の危機管理能力に疑問の声が上がったが、首相を載せたヘリは六時一四分に出発した。福島第一原発の現場では、年配者で構成された完全防護服の作業隊がベント弁の手動開放準備に入った。

一五時三六分、一号機で水素爆発が起こった。首相執務室では、「爆発はない」と説明していた万城目委員長が頭を抱えた。「爆発的事象」の報告は一七時四七分に枝野長官により発表された。それを聞いた鍋島は、政府が情報を隠しているのではないかと疑念を持ち、坂下官房副長官秘書官に電話した。しかし、坂下秘書官からは情報が官邸に上がってこない不満が返ってくるだけだった。鍋島の八王子の家では、米国人が夫の友人から米国企業の社員の国外退去指示が出されたことを妻が聞き、唖然となっていた。

地震発生三日目の三月一三日一九時四九分、計画停電への理解を訴える菅首相の会見がテレビ放送された。原子炉メーカーの三電の社長が官邸に入ったことを知った鍋島は、その理由を電話で横山に尋ねた。横山は官邸が炉の状態を知るためだと言ったが、鍋島は現場の状況のさらなる悪化を疑った。

三月一四日一一時一分、福島の避難所に三号機爆発の情報が入った。住民は水素爆発で建屋が吹き飛んだ映像に見入った。首相執務室には、三号機爆発後作業員が免震重要棟に避難し二号機の注水作業が中断したことが報告された。それを聞いた菅首相は水位低下による燃料棒の溶解を心配した。枝野長官他何人かの閣僚には、東日電力から「作業員撤退」打診の電話が入っていた。

三月一五日三時、官邸会議室では「撤退」をめぐって議論が白熱した。しかし、菅首相は撤退を認めず、自ら東日電力本店に乗り込むことを決めた。

東日電力に着いた菅首相は、「日本がつぶれるかもしれない時に撤退はあり得ない。自分もその覚悟でやる」と訴えた。インタビューの中で鍋山は、この発言は死ぬ覚悟で作業しろと命じたことにならないか、と福山副長官に問うたが、福山からは「そうだとして、撤退を認めるべきだったと思いますか?」と重い言葉が返ってきた。

一五日六時一〇分に二号機付近で大きな爆発、九時三八分に四号機建屋で火災が発生した。記者クラブでは三、四号機付近で検出された高線量の放射能の話で持ちきりだった。福島の避難所には完全防護服の放射能測定員が到着した。

インタビューでは、一号機への注水に海水を使うなと言ったという官邸の指示について福山副長官が答えた。「官邸には東日電力本店の人もおり、そこから注水ストップの指示が出た。ただ、そんな誤解が生じるくらい情報は錯綜し、我々は何の情報もないまま動かざるを得なかった」

「二〇一五年一二月一〇日現在、帰宅困難区域では復旧のめども立っていない。福島第一原発に係る原子力緊急事態宣言は今もなお継続中である」とのテロップが流れるラストシーンで、鍋島は、通行禁止の道路の向こうに掲げられた「原子力明るい未来のエネルギー」という双葉町の標語をじっと見つめていた。

6　原発事故における危機管理の現実と映画の問いかけ

「危機」とは、「組織の中核となる活動、および／または組織の信頼性を中断・阻害させ、緊急の処置を必要とする、高レベルの不確かさを伴う状況」と定義されている（ＪＩＳ　Ｑ２２３００・２０１３）。そして、「危機管理（クライシスマネジメント）」とは、危機に遭遇した際に被害を最小限に抑えるための組織の対応手段や仕組みのことを指す。

日本語の「危機管理」の語にはクライシスマネジメントとともにリスクマネジメントを含む場合が多いが、クライシスマネジメントは非常事態発生後の対処方法であるのに対し、リスクマネジメントは非常事態の発生を予防するための手法である。福島第一原発事故においては事象が発生してからの危機管理が問題なので、ここではクライシスマネジメントについて考える。

クライシスマネジメントでは行動計画の策定が求められる。これはクライシスマネジメントプラン（ＣＭＰ）と呼ばれており、クライシスマネジメントの中の事業継続マネジメントで策定する行動計画は特に事業継続計画（ＢＣＰ）と呼ばれる。ＢＣＰは発生した個々の事象に対する具体的な行動計画なので、ここではより広い視点で危機全般への対応のあり方を示すＣＭＰを取り上げる。

ＣＭＰの項目には、①指揮命令系統、②意志決定プロセス、③連絡手段、④リスクコミュニケーション、⑤ＢＣＰ発動および終息に関わるタスク、⑥ロジスティクスなどが含まれる。そこで、以下ではこの項目に即して福島第一原発事故における政府、東電の危機管理体制について検討することとした。本論の目的は映画『太陽の蓋』に描かれた危機管理を考えることにあるが、前述したように、この映画は「三・一一」における官邸の五日間を事実に即してドキュメント風に描いている。そこで、まず現実の〝五日間〟における危機管理の問題を考える。ここにそれに役立つ報告書（以下、事故調比較報告書）[10]がある。

この本は日本科学技術ジャーナリスト会議が二〇一三年に著したもので、福島第一原発事故に関する四つの事故調査委員会報告書を比較・検証したものである。四つの「事故調」とは、民間事故調（福島原発事故独立検証委員会）、東電事故調（福島原子力事故調査委員会）、国会事故調（東京電力福島原子力発電所事故調査委員会）および政府事故調（東京電力福島原子力発電所における事故調査・検証委員会）である。一三の疑問点を設定してこれらの疑問に対する四つの事故調報告書の記述を比較し、それぞれの報告書の評価点や不足した点を丁寧に洗い出して、この事故の全体像に迫っている。

「①指揮命令系統」の問題に関しては、「ベントはなぜ遅れたのか?」「事故処理のリーダーはなぜ決まらなかったのか?」などの項で扱われている。

この事故対策で状況に応じて指揮命令を発する立場にあったセクションは、首相官邸、東電本社および福島第一原発現地対策本部である。しかし、東電本社の対応の遅れや首相官邸と東電本社との間に情報伝達の混乱があったことはよく知られている。

現地対策本部の吉田所長についても、炉の冷却に海水注入を独断で続けるなど的確な指揮を行ったが、高濃度の放射性物質が放出されるベントの実施には東電本社、さらには首相官邸の判断を仰がねばならず、結果としてベントの実施が遅れた。もちろんこの事故対策の総責任者は首相であるが、菅首相が工学部出身であったことから、いわゆる「官邸の過剰介入」が生じ、四事故調ともこれを厳しく批判した。

事故調比較報告書では、事故処理の実質的司令塔が決まらなかったことが最大の失敗であるとし、たとえば米スリーマイル島原発事故のように、官邸が規制官庁の専門家に権限移譲すべきだったとしている。もっとも、原発事故に対応すべき専門機関である原子力安全・保安院（経産省・資源エネルギー庁）の院長や原子力安全委員会（内閣府）の委員長は、映画でも描かれているように司令塔の任に堪えうる人物ではなかったようだ。その後、二つの機関はいずれも環境省の原子力規制委員会（事務局：原子力規制庁）に一元化された。

「②意思決定プロセス」の問題に関してはプロセスの透明性の面から考える。事故対応時の意思決定プロセスの透明性を曇らせた要因として「原子力ムラ」の存在がある。「原子力ムラ」とは、原子力産業に関係する政治家、規制当局、事業者、産業界、学会・研究者、マスメディアの一部などが構成する特殊な村社会的構造の集団のことで、専門性の壁を盾に社会に対して排他的にふるまい、原子力の「安全神話」を広めて利益を誘導してきた。

今回の事故においても、東電本社に入った情報が官邸にはなかなか伝わらず、東電の隠蔽体質が露わになった。また、原子力安全・保安院は事故の規模を過小評価し続けた。事故調比較報告書では、「なぜ『原子力ムラ』は温存されたのか?」で「原子力ムラ」の欠陥を社会にさらけ出す必要があると述べている。

「③連絡手段」の問題に関しては技術的側面が大きいが、ここではその点よりも、「意思決定プロセス」の問題でも述べた東電の情報隠蔽・改ざん体質について触れておく。

東電の情報隠蔽体質は、東電本社に入った重要な情報が官邸に伝えられず、その結果として、菅首相自らが福島の現場へ飛んだり東電本社に乗り込むという「過剰介入」を生じさせた。東電による情報の不伝達に関しては、映画の中でも福山官房副長官に、「我々は何の情報もないまま動かざるを得なかった」と言わせている。

菅首相が止めたとされる海水注入問題（後に海水注入は中断していなかったと吉田所長が証言。炉の冷却に海水を使うと炉が腐食し、廃炉にせざるを得なくなる）に関しても、事故調比較報告書では、「テレビ会議の映像になぜ音声がないのか？」で東電の情報隠蔽や情報改ざんと関係があることを述べている。

最後に「④リスクコミュニケーション」の問題について考える。

「あるリスクについて、行政、企業、専門家、消費者、地域住民など関係する当事者（ステークホルダー）全員が情報を共有し、意見や情報の交換を通じて意思の疎通と相互理解を図る」と定義されるリスクコミュニケーションでは、情報の送り手と受け手が存在し一般に送り手は行政や企業、受け手は市民である。双方の間に相互理解が生まれるようになるためには、送り手は独善性や驕りといった専門家バイアス（偏り）を極力排し、受け手から信頼を得る必要がある。また、受け手は楽観主義やリスクの過大視といった認知バイアスに十分注意する必要がある。この問題は、事故調比較報告書では「住民への情報伝達はなぜ遅れたのか？」で詳しく述べられているが、情報の送り手としての政府や東電の対応はどうだったのか。

原子炉の状況が深刻化した三月一一日一六時三六分に、原子力災害対策特別措置法に基づき原子力緊急事態宣言が政府により発せられた。これ以降、地元自治体や国から住民への避難指示が出されたが、その範囲は、原発から半径二キロ圏内（二〇時五〇分）、三キロ圏内（二一時二三分）、一〇キロ圏内（一二日五時一四分）、二〇キロ圏内（同一八時二五分）と次々に拡大していった。この間、一二日一五時三六分にはついに一号機で水素爆発が起こった。状況悪化の速度が速くて避難への対応が追い付かなかった事態は考慮できるが、情報の発信はいかにも〝泥縄式〟である。米国は一六日ではあるが、在留米国人に半径五〇マイル（八〇キロ）圏内の避難勧告を出している。米国人の避難については、映画でも鍋島の妻と、夫が米国人の友人の会話のシーンで扱われている。

当初の「一〇キロ圏内避難指示」の背景には、原子力安全委員会委員長から爆発の影響は「そんなに大きくは広がらないだろう」との見通しが示されたことや、「避難指示範囲の拡大は、避難住民の幾何級数的増加により炉の爆発時の避難に大きな混乱を生じさせる」との危惧が政権内部にあったことが影響したようだ。(11) この〝泥縄式〟対応は、枝野官房長官による「ただちに人体に影響を及ぼす数値ではない」という発言とともに、社会の批判を浴びた。ただし、住民に対する避難情報の伝達自体は極めてうまくいったと評価されている。(12)

SPEEDI利用の問題もある。SPEEDI(System for Prediction of Environmental Emergency Dose Information)とは緊急時迅速放射能影響予測ネットワークシステムのことで、日本原子力研究所などが〇〇億円以上の予算をかけて開発した、緊急時における放射性物質の拡散予測モデルである。今回の事故では、単位量放出を仮定した試算は原子力安全・保安院や文科省によってなされていたが、放射性物質の放出源情報(どれくらい放出されたか)が不明との理由で試算結果は官邸に報告されず、避難対策に活用されなかった。(13)

SPEEDI利用の問題は情報の送り手内部での意思疎通の欠如例である。送り手内部での意思疎通の最大の欠如は官邸と東電の間での事例であるが、これについては「連絡手段」の問題の中で述べたように、〝欠如〟というより東電の意図的な情報隠蔽の結果と言えよう。

以上のように、この事故の対応における政府、東電の「危機管理」は極めて不十分であった。この反省は次の大災害における「危機管理」に生かされなければならない。ここで検討した「危機管理」の問題点は映画『太陽の蓋』においてもその多くがリアルに描かれている。『太陽の蓋』はその意味で、原発事故など大災害の「危機管理」を考える際の有用な〝テキスト〟になると思われる。

参考文献

（1）朝日新聞社『朝日新聞縮刷版 東日本大震災 特別紙面集成二〇一一・三・一一～四・一二』六五三頁、二〇一一年。
（2）気象庁『気象庁技術報告第一三三号 平成二三年（二〇一一年）東北地方太平洋沖地震調査報告 第Ⅰ編』四七九頁、二〇一二年。
（3）気象庁ホームページ http://www.data.jma.go.jp/svd/eqev/data/higai/higai1996-new.html（二〇一八年七月四日閲覧）
（4）総務省消防庁ホームページ http://www.fdma.go.jp/bn/higaihou_new.html（二〇一八年七月四日閲覧）
（5）内閣府防災情報ページ http://www.bousai.go.jp/kaigirep/hakusho/h24/bousai2012/html/honbun/4b_8s_14_00.htm（二〇一八年七月四日閲覧）
（6）ニュートン編集部『メルトダウン、放射能漏洩、汚染水問題、廃炉 福島原発一〇〇〇日ドキュメント』、ニュートン、三四（四）、一八‐一〇三、二〇一四年。
（7）日経ビジネスオンライン「渡辺実のぶらさがり防災・危機管理二〇一六年八月二四日」 http://business.nikkeibp.co.jp/atcl/opinion/15/236296/081900028/（二〇一八年七月四日閲覧）
（8）福山哲郎『原発危機 官邸からの証言』（参照2018-7-04）筑摩書房（ちくま新書）、二三八頁、二〇一二年。
（9）前田有一の超映画批評 http://movie.maeda-y.com/movie/02094.htm（二〇一八年七月四日閲覧）
（10）日本科学技術ジャーナリスト会議『四つの「原発事故調」を比較・検証する 福島原発事故13のなぜ？』水曜社、一四七頁、二〇一三年。
（11）文献（8）に同じ。
（12）文献（10）に同じ。
（13）文献（8）に同じ。

第12章　映画『シン・ゴジラ』を観て考える母親の危機管理

西谷真弓

「何年かぶりに観る映画が、シン・ゴジラなんて」って最初は思いました。これを観るのが「課題」だったんです。でないと、「絶対観なかっただろう」と思います。

なんのジャンルに入るんだろう？　特撮映画？

最初の映像、ゴジラがぬいぐるみにしか見えない。目がどんぐり眼で、可愛いぬいぐるみ。しかもとっても安上がりな出来栄えの怪獣。

「え！　なに？　この幼稚な怪獣!?」

ずりずりと道を這う怪獣。赤ちゃんのハイハイみたい。だけど通った道は、建物が跡形もなくなっている。そこに住んでいる人や建物、全部なくなっている。最初はスピードも遅くて、人間が走って逃げられる危機感だった。まだ可愛さがあった。

この映画は、私が参加している「ひょうご防災連携フォーラム」の課題。

「防災の観点から『シン・ゴジラ』を観る」

だから、乗り気がしないまま、「もうすぐ終わってしまうかも？」のギリギリのナイトシアターで『シン・ゴジラ』を観に行きました。

最初は、笑いが出てしまいそうでした。これって大人が観る映画？ ゴジラもぬいぐるみにしか見えないし、見た目もチープ。そんな中、映画の中の国の動きがとても気になりました。私は、やはり防災の観点から、国の動きにとても興味がありました。

街が急に壊滅状態になった時、行政はどのようにして動くのか？ ゴジラの通った所は、地震が起きた直後と同じ景色。家屋が崩壊、道路は寸断。どんどん被害が拡大していく。ゴジラが動くのをやめない限り、ずっと、永遠に。だから一刻も早く、なんとかしなくちゃ。早く、何とかして！ なのに、なかなか動かない国。これ、映画だからだよね？ 実際はこんなに対応が遅くないよね？ だって、迅速な対応が何百人も何千人もの国民の命を救うことになるんだから。総理が決断を渋ってる間に、壊滅状態になっていく街。

今、気付いた！ これはまさしく「公助！」そうなんだ！

自分の命は自分で守る「自助七〇％」、余力で共に助け合う「共助二〇％」、行政等の助け「公助一〇％」。そういうことも、揶揄している映画だった？

防災士でありながら、私はまだ、国に頼っていたんですね。だから、総理の決断力のなさや、対応の遅さにイライラしていた。これは映画だから、「実際は違うよね〜」なんて、理想の姿を「公助」に求めてました。

この「課題」、奥が深いです。防災の観点から『シン・ゴジラ』を観る。なるほど！　今更ながら気付きました。この課題を出されたフォーラムに携わっておられる方々は、兵庫や神戸の防災をリードする名高いお方ばかり。

そのような方々が『シン・ゴジラ』をご覧になり、今回の課題の題材にされたんです。

何カ月も経って、再認識しました。尊敬します、本当に。

「公」に助けを求めるな。地域は、やはり防災士や防災に関わっている人が守らなければいけない。でも、まずは自助！　家族を含む自助。そして、地域の共助！　そんな思いの方がたくさんいれば、国の決断力のなさにイライラすることもない。もともと、避難所での運営、ほかの決定権は、地域に住む方々にある。

阪神・淡路大震災の時は、小学校を避難所にしていたこともあり、校長先生を始めとする先生方と地域のリーダーの方が連携しながら避難所を運営されていた、と聞いています。

その地域の運営リーダーの方と知り合い、いろいろなことを教えて頂きました。運営リーダーの役割。避難所におられる方々に、不便この上ないストレスのかかる避難所生活を、公平に筋道を立てて理解いただくことの難しさ。主義・主張の多い方々に対して、どう理解していただくか？

想像するだけでも、とてもとても大変な問題が多々あるだろうと思います。先日、小野市で、「人権が尊重される避難所」という演題でお話しさせていただきました。「人権と防災？」って、疑問に思われる方もおられるかも？

実は人権問題と防災は密接な関係があります。とくに避難所での人権問題は、切っても切れません。

七年前に男女共同参画市民講師の資格を取得した経験があります。

「私の地域のまちづくりをしよう！」って思うようになったのは、「男女共同参画を学んだから」、と言っても過言ではありません。

それまでの私の活動は、乳児を持つママたちが、ひと時だけでもホッとできる時間を持つための活動でした。それだけでは、子育ては楽にならない。「その活動は『点』でしかない！」って気付いたんです。「点」を「線」にしなければ、問題は解決されない！　このことに気づいたのは、男女共同参画の学びのおかげです。

小野市の講演の題の「人権」について、男女共同参画の学びも、プラスになりました。人きなくくりでは、男女の人権があります。続いて高齢者、乳児を持つ家族、障害を持っている方、その家族、外国人、性的マイノリティ。立場の違いのある方すべてに人権はあります。この方々が避難所で一緒に過ごすわけです。避難所を運営する地域の方々にとって、一番気にされるのが、人権問題になるかと思います。日頃から、地域にどういう方々がお住まいなのか？

これを知っていないと、いざ、という時に大変なことになる。「じゃ、どうすれば？」と思いますよね。その解決方法を教えてくれる防災の講座って、私は経験したことがありません。でも私なりに、「じゃ、どうすれば？」というのを、先日お話ししてきました。さて、『シン・ゴジラ』を観て、あまり乗り気でなかった映画鑑賞。

実は防災の観点でみると、余すところなく学べた映画です。

最初の五分で、「公助」のあり方にイラッと来ている自分を再認識。それって、やはりどこかで行政に頼っていた自分がいたんです。防災士の学びの中で、「公助には一〇％程しか頼ってはいけない」と落とし込んでいたにもかかわらず。

大きな地震は、未知のもの。「想定外」は、もしかしたら仕方がないのかもしれない。

阪神淡路大震災の時だって、あれだけの大きな地震は、その時生きている人たちにとって初めての経験だったもの。関西でも史上あれだけの大きな地震（被害）はなかった。だから、誰もそんな大きな地震が来て、大きな被害になるなんて想像すらしていなかった。

今までのデータを集めて研究して、その研究内容を講演会で話し、著書を出版されている、名高い教授さんたちが映画で出ておられました。

政府はその方々に、お知恵を拝借しようと呼んだのですが、その方々は口を揃えて「想定外！　だから今後の予想などできない」。経験のないものに対して、研究して、実践、実行することは、今まで誰もしたことがないこと。いわば、例がないのです。だから、突拍子もないことを実行していくことを強いられます。

だけど、周りに今までやったことがないようなことを実行していく人がいたら、どう思われますか？

「あの人、変わっている」

そんな風な見方をしてしまう方たちが多くなるのもわかりますよね。

私の話になりますが、地域でボランティア活動を長年して来ました。それまでの子育て支援の活動内容ではなく、先駆的な取り組みで、コミュニティを作って、乳児から高齢者までの繋がりを持たせる活動内容です。

当時、どなたもそんな活動をしていなくて、そして地域によって事例があっても当てはまらない。臨機応変が要求され、千差万別な対応の活動。

そんな活動は、周りから見たら、

「何であんなことをしているんだろう?」

「お金にもならないのに、なんで?」

「あの人、変わっている」

人って自分が想像できる答えがないと、理解したくない、って本能があるみたい。

何かの本で「国によって行動が違う」というのが書いてありました。

難破船でボートに乗る優先順位を子ども、女性、ご高齢の方と決めた中で、不満の出ない言い方をするにはどうすれば? というものです。

アメリカ人は「その行動をすればヒーローになれるよ」と言えば、嬉々として行動するらしい。

イタリア人は「美女が見ているよ」、日本人は、「皆さんがそうしていますよ」と言えば、納得するらしい。

そう、「日本人は周りと同じ」ということに重きを置いた行動をする。「なるほど〜!」って思いました。

目立つことを「良し」としない。「日本の美徳は、謙譲の美徳」というのがあります。それは、控えめの美。私もそれはとてもわかります。そうやって生きてきたところもあります。でも、誰もやったことがないことをする時、その美徳、できます? できないですよね。

地震って、未知のもの。

「どうしたら良いか?」って考えて、仮説の中で、いろんな場面を想定して実行していくことがヒントになることは十分にあるのです。もしかしたら今までやって来たことを覆すくらいのことをやらないと、対処できないかもしれない。

『シン・ゴジラ』の中で、主人公の官僚が「異端児」「変人」扱いされている研究者を集め、チームを組みました。

映画の中では、皆さんが見た感じも、なるほど「異端児だ」と納得してしまうような方々です。さすが役者さん！　その異端児と言われる研究者さんが、「なぜ変な人」と言われるようになったのか？　と言うのを疑問に思った時、「もしかしたら、環境がそうさせた？」という答えにいたりました。

話は少しそれますが、動物行動学というものに興味があり、図書館で読み漁った二〇代。

その中に、「環境が性格を作る」があったことを覚えています。

周りから「変わっている」と言われ続けたら、開き直るのではないですが、自分でも「そうなのか」となり、そんな風になってしまうというか、受け入れるしかない。

未知のことを研究して、今まで誰も実証していないことをしているわけですから、周りに合わせたことをしていないのです。事例のないことを自分が作っていくのが、研究です。「自分は正常です！」って、本人は思っている。でも周りの人は、新しいことを、目立つことを、「良し」としない。謙譲の美徳ではありません。「あの人、変わっている！」になってしまうのは、日本人だからなのかもしれない。

そうしたら、何を言ってもわかってもらえない、もどかしさ。「開き直ってしまうのも仕方ない」かもしれない。

映画の中でのその方たちにとても興味を持ち、共感する部分が私にはありました。『シン・ゴジラ』では、主人公の官僚がとても熱いんです。「熱い官僚」って、実際にいるのかな？　官僚って、賢くて、脳みそが大きくて、比例してハートが小さいイメージがあるのは私だけでしょうか?

あ、これは固定観念なんですね!

私の頭もまだまだ硬いです。事例にとらわれない、先駆的な活動をしている私も、まだまだ硬い考えがあるようです。だけど官僚も、「公助」に携わる方々。「熱い官僚を求めてはいけないんだろうなぁ」と思いつつ、映画『シン・ゴジラ』の中では、熱い官僚なくては語れない!

賢くて、熱い人って、とても気が合いそう! 賢いというのは勉強ができて、とかそういうのではなく、なんと言えば良いか……? これは、それぞれの価値観で違ってくるのかな?と思います。

私が賢いと思い、尊敬できる方は、臨機応変に、その時の最上の決断を下せる人。それは、色々なことを経験していないと、その場の問題に関して、ベストな解決策を伝えられない。机上の空論では、ダメなんです。

実践して、経験して、その繰り返しで、人は成長する。これは、きっと日本も、ほかの国の方々の考えも、同じだと思います。

災害は、繰り返してほしくないけれど、あれだけ大きな災害が日本にありました。

阪神・淡路大震災、このことは、風化させてはいけない。

私たちはまさに経験したんです。そのことを後世に伝えていかなければいけない。そうすることで、今後、もし大きな災害に見舞われた時、どうすれば最良の解決になるか?

その答えを持つ人々を多くする。それが、経験した私たちのするべきことだと思います。だから私は、一般社団法人を立ち上げました。

私がなぜ一般社団法人を立ち上げたか？

その経緯は、阪神淡路大震災で見た、避難所の光景が発端です。

阪神淡路大震災での避難所で、子供に向かって「うるさい！」、保護者に向かって「黙らせろ！」。この光景を目の当たりにしました。

誰もが不安を抱え避難所での生活を強いられている状況下。大人も心労を抱え、子供のことを誰も守る余裕がない大きな災害で、子供の騒ぐ声が耳障りになる精神状態は痛いほどわかります。

阪神淡路大震災での避難所の光景

写真提供：神戸市.

その状況を見た時に、誰もが守る余裕がないのなら、子供自身が自分の力で耐えられる力を見つけて生きなければいけない。

「生き抜く力になる、笑顔の素になるものを見つけてあげたい！」と、思った時に、私がすぐに思いついたのは「お菓子！」。

お菓子が今、子供の手元にあったなら、子供は笑顔になれる！

生き抜く力を持つことができる！

それで、私は「移動駄菓子屋」を始めました。軽トラックを買って、お菓子を毎日積み込んで、子供が集まる公園や路地等に毎日行きました。

一〇〇円玉を握りしめて「おばちゃん、来たよ～」と言って、嬉しそうにお菓子を選んで、楽しそうに帰って行く子供の後ろ姿を見守ることで、私も癒されました。

防災お菓子リュック

撮影：白柳里佳

私が「お菓子で子供が笑顔になる！」と思ったのは、私の生い立ちにきっかけがあります。私の両親は、私が二歳の頃離婚し、私は両親に育てられることなく、親戚のお宅を転々として幼少期を過ごしました。一〇歳になるまでに転居は一七回。

そんな状況で、当時親戚の家の近くには必ず駄菓子屋さんがありました。お小遣いをためて、駄菓子屋さんでお菓子をゆっくり選び、持ち帰って、ご厄介になっている親戚のお宅で大切にお菓子を食べる。この時間が、私には唯一不安な気持ちを忘れられる時間でした。

お母さんはいつ迎えに来てくれるんだろう。今度はどこに行くんだろう。そんなことを忘れさせてくれるのがお菓子でした。

だから避難所で、元気のないしょんぼりしている子供を見た時に、「お菓子があれば笑顔になれる！」と思いました。

災害時に子どもが自分の力で生き抜く力を！　大人が余裕のない時に、自分自身で耐えれる力を！

その思いが、「防災お菓子リュック」を誕生させました。

万が一の時は、三日分相当の非常食の代わりになるお菓子リュックを自ら作り備える。賞味期限を自宅で迎えた日は、家族と一緒に「災害が起こらなかった幸せなこと」を皆で感謝しながら、笑顔で大好きなお菓子を食べる。

災害が起こらないことは幸せなことなんです。電気がついて、お風呂にも入れて、家族が元気でそろっている。この平凡な毎日に感謝できる日、それを確認できるのが「防災お菓子リュック」なのです。

私たちの活動は、母親目線。

「防災について、考えよう、備えよう！」

母親なら誰もがそう思っています。でも、防災のことを考えるのは、とてもエネルギーがいることなのです。なぜなら、最悪のことを考えて備えないといけない。最悪のことを考えながら、子供のことまで、母親は考えないといけないのです。

家事、育児、自分の時間すらない毎日の生活の中で、エネルギーのいる防災についての備えを、後回しにしてしまう。その気持ち、とてもよくわかります。

防災士の講座の中で、「覚悟をして防災士になりなさい」、と言われたのを覚えています。

防災の知識は覚悟が必要。

子育て支援をしている私です。母親が頑張っている毎日の生活に、覚悟のいるものではなく、知らず知らずのうちに、子供が楽しみながら興味を持ってくれる防災の意識。

母親も家族も、知らず知らずのうちに、防災について考える、最初の一歩。

これが、おいしい防災塾の「お菓子で防災」です。お菓子でリュック形やポシェット形のバッグを作ります。

このバッグには、三つの役割があります。

①非常食がわり

200人壇上

② 子供たちのお守り
③ 感謝の気持ちを育む

①の「非常食がわり」というのは、子供が万が一の時には、自らが持って避難所に行き、その際の非常食の役目。②の「子供たちのお守り」というのは、避難所というのは大人でも窮屈で居心地の良いものではありません。殺伐とした避難所で、お菓子が子供たちの笑顔を引き出してくれる。笑顔のお守りの役目。③の「感謝の気持ちを育む」というのは、お菓子にも賞味期限があります。

「自宅で賞味期限を迎えられるということは、災害が起こらなかった」、ということです。それは幸せなことなのです。電気がついて、お風呂にも入れて、家族がそろっている。このなにげない毎日は、実は幸せなことなのだと、再確認できる。

それが、「お菓子で防災」。一般社団法人「おいしい防災塾」の活動です。

おいしい防災塾の対象は小学生、その小学生たちがリュックなどを作成するのを、高校生や大学生のボランティアがお手伝いします。

そうすることで、参加している小学生たちは、将来自分が高校生や大学生になった時、同じように、年下の子どもたちのために活動するボランティアに抵抗がなくなります。

自分がしてもらって嬉しかったことをしてあげる、年下の子どもたちを愛でる気持ちを育みます。高校生や大学生には、私たち大人が社会に貢献をしている姿を見せることで、社会人になっても、社会貢献、ボランティアを続ける意義を学んでもらいます。

すべては、「どんな時も子どもたちの笑顔のために！」を思っての活動です。

いま、各地で高校生、大学生が防災お菓子ポシェットを作るお手伝いをしてくれています。楽しみながら知らず知らずのうちに防災の意識を啓発する講話と、防災お菓子ポシェット作りで、子どもたちの笑顔を全国に広めて行きたいと思っています。

「おいしい防災塾」の活動で、阪神・淡路大震災の経験や教訓が子供達に伝わるよう願いを込めて。

第13章　誰もが排除されないインクルーシブ防災
――『アンドリューＮＤＲ１１４』の世界観からみる――

高藤真理

はじめに

映画は、非日常の世界を私たちに体験させてくれる。
それは、日常により近い非日常から日常に果てしなく遠い非日常の世界まで、多種多様だ。だから映画は興味深く魅力的なのかもしれない。そして私たちは、映画を見終わった後、映画を通して体験した世界と現実の世界を交叉させるのである。

一方、災害は、日常の生活を一変させる。これまで経験したことのない、まるで非日常の世界のように。周知の通り、日本は災害大国である。加えて近年は、異常気象も相まって、自然災害の猛威になすすべもなく人類の非力に打ちひしがれる日々である。

私たちは、自然災害を止めることはできないが、その被害を少なくする力は備えている。減災という考え方である。その力を誰もが発揮できる力へ、変換しなければならない。その力は、形のある備えだけとは限らない。

減災の取り組みは、「人間とは、生きるとは、愛とは」という答えのない問に、挑戦しているようにも感じる。

1　災害時要援護者

私は阪神・淡路大震災の経験をきっかけに、東日本大震災、熊本地震、地元兵庫県で起こった水害等、自身の専門である歯科衛生士の活動以外に瓦礫撤去等、被災地の活動に参加している。

その際に気になることは、発災後、障害者や要介護者がどこに避難しているのだろうということだった。避難所で「障害のある方はどちらですか？　介護が必要な方はどちらに避難されていますか？」と尋ねてみるが、「さぁ」という返答ばかりであった。

二〇〇七年に起きた能登半島地震と中越沖地震以降、災害時に災害時要援護者が避難するために福祉避難所の設置が進められるようになった。しかし、災害時には、実際どこに福祉避難所が設置されているのか周知されていないということが少なくない。

災害時要援護者は、「指定避難所の設備では避難生活が送れない」、「避難所に避難すると周囲に迷惑がかかる」という理由等で、避難所が利用できないという現状があるため、福祉避難所の設置が進められた。しかし、幾度となく災害を経験しても、災害時要援護者の避難状況については変わらないのである。避難所を利用したくても利用できないという災害時要援護者が、阪神・淡路大震災後も存在しているのだ。また、避難したくても自力で避難することができなかったという現状もある。

では、災害時要援護者は、どこに避難したらよいのか。自力で避難できない者はどのように避難したらよいのか。

その解決の糸口になるのが、「誰もが排除されない地域コミュニティの構築」であり、「誰もが排除されないインクルーシブ防災」につながる。

それは、形が見えない減災の取り組みの一つとなる。

2　本テーマの題材……作品を紐解く前に

私は、『アンドリューNDR114』という作品から、映画からから学ぶリスク管理を考えていきたいと思う。この映画は、分類で言うとSFになるのだろうか、ロボットが主人公である。災害時や防災対策に、ロボットやAI（Artificial Intelligence　人工知能）を利用してみてはどうかという提案ではない。

本映画の主人公は、俳優、コメディアンそして声優でもあったロビン・ウィリアムズだ。

私は、彼が大好きである。一九五一年アメリカ合衆国イリノイ州シカゴ生まれ。二〇一四年に生涯の幕を閉じる。サンフランシスコ湾に散骨。彼らしいような気がした。

彼の作品に初めて出会ったのは、高校生の頃だ。『グッドモーニング、ベトナム』という作品だった。その映画のテーマは、ベトナム戦争という決して明るい題材ではなかったが、彼の役柄がそのテーマの重い空気を換えながらも、戦地の兵士の日常の過酷さを鮮明に浮かび上がらせ、戦争は誰をも不幸にし、何の解決にもならないということを投げかけるものであった。高校生が、宿題で強制的に戦争に関する映画を観なさいと言われてもいないのに、自ら戦争をテーマにした映画を選んで観るとは、少々こだわりのある高校生だったのかもしれない。大好きな彼の作品は、ほとんど観ている。その中でも私が最も好きな作品が、一九九九年公開された『アンドリューＮＤＲ１１４』という映画だ。

製造番号ＮＤＲ１１４型というロボットが、ある家庭でアンドリューと名付けられ、お手伝いロボットとして人間のお世話をし、二〇〇年近く共に人間と過ごす中で「人間とは、生きるとは、愛とは」を考え悩みながらも人間になることを望む。そして、その権利を訴えながら生涯を終えるというストーリーである。

人間とは何たるものだということを考えさせてくれ、人間はそう悪い生き物ではないということを教えてくれた作品だった。

3　ストーリー　～ロボットが人間に?!～

近未来、リチャード・マーティンは人型家事ロボット「ＮＤＲ１１４」を購入する。リチャードの次女アマンダは「アンドロイド」の聞き違えからＮＤＲ１１４を「アンドリュー」と命名した。

アンドリューはリチャードの導きで高い木工技術を身に付け、作品が売れるようになった。リチャードはその対価をアンドリューの名義で蓄えさせる。月日は流れ、アンドリューは人類の歴史を学ぶうちに「自由」に憧れ、自分自身を買い取ることで一人暮らしを始める。リチャードが亡くなると、アンドリューは長い旅に出る。

数十年の放浪の末、アンドリューは研究者のバーンズと出会う。アンドリューは研究資金と自身の体、人工臓器の設計アイディアをバーンズに提供し、人間そっくりのボディを手に入れる。

マーティン家に帰ったアンドリューは、若かった頃のアマンダにそっくりのアマンダの孫娘ポーシャと出会う。アマンダも亡くなると、アンドリューとポーシャはやがて愛し合うようになる。アンドリューはポーシャと結婚するため「私を人間として認めてほしい」と訴えるが、世界議会はそれを否定する。

さらに長い月日が経ち、ポーシャも老いる。アンドリューはポーシャのために新たな人工臓器を設計するが、ポーシャは永遠の命を拒否する。

4　生きるということ

心を持った者が永遠の命を手にするということは、それだけ「愛する人の死」という苦しみを数多く味わうということになる。愛する人が次々に死んでいき、常に後に残されるという苦しみ。

アンドリューはリチャードやアマンダの死を経験し、その苦しみから逃れようと、人工臓器の開発にいそしみ、人間に永遠の命を与えようと研究を続けてきた。しかし、人間の体には限界があり、全てを入れ替えて生きることには無理がある。また、ポーシャのように延命を拒否する人もいる。人間は時とともに成長するから、限られた寿命であれ、その時間を生きるということに価値を感じるのである。

しかし、その時が永遠に続くならば、それは単なる人生の延長、人生の無理な引き延ばしに過ぎない。人間としての尊厳とは、ただ生きていることではない。自らの心で、意思を持って、生を望んで生きているということ。臓器を全部機械にしてまで生きるということは私の人生ではない。ポーシャは人間としての尊厳を持ったまま、死ぬことを望んでいた。

ポーシャは「自然の摂理」という言葉で、人間の生き死ににについてアンドリューに説明する。アンドリューは人間になるためにあらゆる努力を重ねてきた。ついに永遠の命をも放棄し、本当の人間になることを選択する。

バーンズに改良され、アンドリューは寿命を持つロボットとなった。体に人間の血液を輸血したことで、血液は人工血管を介して電子頭脳を含む全身に行き渡り、そのまま凝固するとアンドリューの肉体機能は停止し、死に至るという。

5　アンドリューの死

年を取り始めたアンドリューは、再び世界議会に訴え出る。今や、限りある命を持ったアンドリューは、「人間として」認めてもらうのではなく、「ただ、今あるアンドリューと言う存在」を認めてほしいと変化していた。

たった今、ここに存在するアンドリューはもはや人間以外の何者でもない。人間と何ら変わることのない存在である。アンドリューの存在を認めること、すなわち、アンドリューが人間であることの証明になる。

「生きるにしても死ぬにしても人間としての尊厳を持ちたい」と訴えるアンドリュー。尊厳を求める心は、やはり人間としての自然な感情の発露である。アンドリューでなくても、人間であるならば誰しも認めてほしいという気持ちを持つはずである。特に、限りある命を持つ者ならば、その時間を生きたという証として、自分の存在をきちんと認めてほしいと思う気持ちが強くなるはずである。

判決の日、人類法廷はアンドリューを「史上初めて二〇〇年生きたことが確かな人間である」と認めた。アンドリューは活動を永遠に停止する。傍らに付き添っていたポーシャも生命維持装置のスイッチを切ってもらうと、アンドリューの手をとり、二人は死を迎えた。

アンドリューは二〇〇年の人生を生き、そして、人間として認めるとの裁定を聞くことなく、その生涯を閉じた。世界議会の裁定はもう、アンドリューには分かっていたことだった。例え、その裁定がアンドリューの訴えを退けるものだったとしても、ポーシャを始めとしたアンドリューに関わった人々には、アンドリューは人間だと分かっていたことである。

愛する人の隣で、愛する人の近くで死を迎えること。アンドリューは最高の幸せを感じたまま、死んでいくことができた。

6　人間が人間であるための条件

バーンズはアンドリューに人間そっくりの皮膚をかぶせる改良をする際、こう言う。

「このアップグレードは外観だけ、見た目だけのものだ。中身は何も変わらないまま。君がロボットであることに変わりはない」

人間らしい外見を持っていても、心がなければ人間ではない。どんなに人間そっくりの皮膚や目を持っていても、心がなければ、笑うことはないし、目が輝くこともない。それはただ、人間にそっくりな人形に過ぎない。それに、痛みや快感を感じる神経があったとしても、それを動かす心がなければやはり、ただの神経感覚のある人形にしか過ぎない。「人間のようなロボット」に過ぎない。

また血液の影響で外観の老化の進んだアンドリューは、世界議会の「あなたのどこが人間なのか」という反問に、自分の胸を指して「ここです」と答える。

人間にとって、一番大切なのは心だ。表情や、感覚を動かすのは人間の心。その心は目には見えず、手にすることもできず、触れることはできない。それの設計図を書くこともできないし、それを部品で組み立てることもできない。けれど、心は確かに人間の中に存在していて、その心にしたがって人間は動く。ときには頭で考えて理性を働かせるときがあるけれど、人間の本質は心にしたがって動くことにある。

7　誰もが排除されないインクルーシブ防災

災害時は、誰の力も借りずに避難ができる者だけではなく、要援護者が存在する。障害児（者）や高齢者、妊婦、子ども、日本語の分からない外国人など、彼らは、災害時には要援護者となり、支援が必要である。一方、災害時に彼らを支援する者は、側にいる周囲の人間である。発災時、災害時要援護者の側にたまたま居合わせていたから、支援することができた。という偶然に任せるのではなく、災害時に確実に災害時要援護者を支援できるよう、平時から地域の中で災害時要援護者がどこに存在しているか、災害時には誰が彼らを支援するかという準備が必要である。つまり、災害時要援護者支援は、平時からその支援のしくみの構築と訓練が必要となり、地域の中で災害時要援護者が存在するという事実を誰もが意識することが不可欠である。

このようなしくみは、日常生活における誰もが排除されない地域コミュニティの構築が基礎となり、平時から個々人の多様性を理解することから始まる。

おわりに

アンドリューが旅に出て探した「人間になるための条件」は、まるで人間が人間らしくあるための条件のように感じる。

災害時、マスメディアによって、思いやりやつながりということがクローズアップされる。確かに被災地を思う人々の気持ちは尊い。しかし、思いやりやつながりは、災害時にだけ集まるものなのだろうか。平時から、隣人を思いやり他者を理解しながら共に地域で生活することは、思いやりやつながりが根本にあるのではないだろうか。アンドリューが生涯を通して見付けた、「人間とは、生きるとは、愛とは」を私たちも今一度探す旅に出かけた方がよいのかもしれない。

それは、「誰もが排除されないインクルーシブ防災」につながる。なぜなら、人には〝心〟があるから。

おわりに

イギリスの詩人バイロンは、「現実は小説より奇なり」と述べている。このことは、裏返せば、小説は架空の話、大げさな話と馬鹿にしてはいけない、それ以上のことや不思議なこと、ありえないと思っていることが現実に起こるかもしれないし、実際に起こっていることが沢山あるということでもある。

このことは、東日本大震災の際に、しきりに言われた「想定外」という言葉とも通じるところがある。想定外とは何か。一見、科学的な検証や仮説を逸脱した状況や出来事のように思うが、実は人間の思い込みや想像、さらに言えば都合の良いレベルの範囲で設定した物語を超えた時に使われる言葉とも言える。

したがって、小説や映画で展開される内容は、現実に起こったことではないが、想定外ではなく、人間の想像力の想定内の内容である。人間の想像力のほとんどは、所詮、人類の経験に基づいての想像である。よって、「まさか、こんなことが起こるなんて」と思ってはいけない。十分ありうることなのである、それどころか、それを超えた現実が起こるかもしれない。そのように、考えると映画に学ぶ危機管理は、これから起こるであろう大規模災害へのシミュレーションとして捉え、その際の危機管理やリスクマネジメントを考える材料とする意味は十分にある。

このような考えの下、本書は防災を専門とする先生方の知恵が、映画を題材としつつ詰まっている。さらに言えば、近い将来に必ず起こる「南海トラフ巨大地震」を想定内に収めて、対応できる知恵が詰まっているのである。

このようなことを書いている最中に、大阪北部で震度6弱の地震が起きた。今回の地震で亡くなられた皆様のご冥福をお祈り申し上げ、被害を受けた方々の一刻も早い復旧を願うばかりである。

それとともに、大阪でこの規模の地震が起きたのは観測以来はじめてである。それを理由に、今回の地震を想定外としてはいけない。このような内陸型の地震が頻発するということは南海トラフ巨大地震が迫っているということである。この国難を乗り切るためには、できるだけ多くの日本人が、小説や映画を遥かに上回る災害が近づいているということを肝に銘じて防災意識を高めていかなければならない。本書が、その一助をなすことができれば幸いである。

二〇一八年八月一〇日

前林清和

古武家《こぶけ》 善成《よしなり》

1947年　大阪市生まれ

1970年　京都大学理学部化学科卒業

現　在　兵庫医療大学非常勤講師

前神戸学院大学現代社会学部客員教授

元兵庫県立健康環境科学研究センター研究主幹，博士（工学）

主要業績

『アプローチ環境ホルモン――その基礎と水環境における最前線――』共著，技報堂出版，2003年

『現場で役立つ水質分析の基礎　化学物質のモニタリング手法』共著，オーム，2012年

『水辺のすこやかさ指標 “みずしるべ” 身近な水環境を育むために』共著，技報堂出版，2016年

西《にし》 谷《たに》 真《ま》 弓《ゆみ》

1967年　神戸市生まれ

現　在　一般社団法人おいしい防災塾代表理事，垂水区区民まちづくり会議委員，神戸市青少年育成委員，こどもゆめ BOX 代表

主要業績

コープこうべ虹の賞団体　奨励賞（平成25年）

神戸市市民福祉顕彰　奨励賞（平成26年）

あしたのまち・くらしづくり活動賞兵庫県奨励賞（平成27年）

神戸市社会福祉協議会感謝状（平成28年）

あしたのまち・くらしづくり活動賞兵庫県優秀賞（平成28年）

堺市西区津波避難訓練講師

兵庫県立神戸商業高等学校講師「地域貢献とは」

高《たか》 藤《ふじ》 真《ま》 理《り》

兵庫県生まれ

1994年　兵庫県立総合衛生学院歯科衛生学科卒業

2001年　立命館大学経営学部卒業

2003年　立命館大学大学院経営学研究科修士課程修了

2008年　神戸常盤大学短期大学部口腔保健学科助教・講師

現　在　公益財団法人 PHD 協会

主要業績

『災害時の歯科保健医療対策――連携と標準化に向けて――』編著，一世出版，2015年

“EDUCATION ON DISASTER PREPAREDNESS AND RESPONSE OF DENTAL HYGIENISTS IN VOCATIONAL UNIVERSITIES/COLLEGES IN JAPAN,” *PEOPLE: International Journal of Social Sciences*, 4(1), 747-757. 2018

小野山《おのやま》　正《ただし》

1968年　兵庫県生まれ

2008年　神戸大学大学院法学研究科博士前期課程修了，修士（法学）

2016年　神戸大学大学院法学研究科博士後期課程単位取得満期退学

現　在　兵庫県庁災害対策局災害対策課長（関西広域連合広域防災局災害対策課長）

兵庫県庁職員．2016年４月より現職．直近10年間は防災業務に携わる．2010年４月から2012年３月までの２年間，総務省消防庁防災課に出向，東日本大震災時には政府職員として災害対応に従事．

松《まつ》山《やま》雅《まさ》洋《ひろ》

1945年　大阪市生まれ

1974年　日本大学経済学部経済学科卒業

現　在　神戸学院大学現代社会学部客員教授

主要業績

『超広域災害に備える――神戸市における防災行政と災害対応――』トゥエンティワン出版部，2012年

「災害時要援護者支援に係る避難支援推進モデルの提案――神戸市の防災福祉コミュニティを事例として――」筆頭『地域安全学会論文集』24巻，2014年

"Organizational Structure and Institutions for Disaster Prevention: Research on the 1995 Great Hanshin-Awaji Earthquake in Kobe City, *Journal of Disaster Research* Vol. 10, No. 6, 2015

大《おお》津《つ》暢《のぶ》人《ひと》

1979年　神戸市生まれ

2002年　神戸市消防局（コミュニティ防災・地区防災計画・自主防災組織における津波避難計画等を担当．東日本大震災では緊急消防援助隊として救助・消火活動に従事）

2012年　関西学院大学大学院総合政策研究科博士前期課程修了，修士（総合政策）

2017年　神戸大学大学院工学研究科博士後期課程修了，博士（工学）

現　在　総務省消防庁消防大学校消防研究センター主任研究官

主要業績

「シルバーカー用補助具」特許第5802342号，2015年

「災害時要援護者の市街地津波避難の搬送速度に関する実験――車椅子，介助車，シルバーカーを用いた３種類の勾配における屋外介助走行速度の比較――」『日本建築学会計画系論文集』Vol.81，No.724，2016年

「市街地の津波避難訓練における住民による災害時要援護者の搬送速度と輸送力――神戸市真陽地区におけるシルバーカー，介助車，車いすおよびリヤカーを用いた屋外の搬送避難――」『日本建築学会計画系論文集』Vol.82　No.734，2017年

中《なか》田《た》敬《けい》司《じ》

1959年　愛媛県生まれ

1983年　広島工業大学工学部機械工学科卒業

1990年　広島市消防局航空消防救助隊・国際消防救助隊を歴任

2004年　東亜大学医療学部を経て

現　在　神戸学院大学現代社会学部社会防災学科教授

　　　　JICA 国際緊急援助隊医療チーム総合調整部会アドバイザーほか

（2013年　日本医科大学大学院医学研究科博士課程修了，医学博士）

主要業績

『災害医学』南山堂，2009年

『DMAT 標準テキスト』ヘルス出版，2011年

“Pattern Recognition Using 1H-NMR of The Intestinal Epithelialcell（IEC-6）Under Oxidative Stress,” *The Journal of Nippon Medical School*, 2013

安《やす》富《とみ》　信《まこと》

1956年　神戸市生まれ

1979年　同志社大学法学部法律学科卒業

1979年　読売新聞大阪本社入社

2005年　人と防災未来センター研究調査員

　　　　読売新聞大阪本社災害専門編集委員を経て

現　在　神戸学院大学現代社会学部社会防災学科教授

　　　　日本災害情報学会理事

田《た》中《なか》綾《あや》子《こ》

1974年　兵庫県生まれ

2011年　神戸学院大学大学院人間文化学研究科博士前期課程修了，修士（人間文化学）

現　在　関西国際大学セーフティマネジメント研究所研究員

　　　　神戸大学大学院工学研究科博士後期課程在学

主要業績

『災害ボランティアを考える』共著，晃洋書房，2012年

『東日本大震災　復旧・復興に向けて――神戸学院大学からの提言――』共著，晃洋書房，2012年

『アクティブラーニング――理論と実践――』共著，デザインエッグ，2015年

《**執筆者紹介**》（執筆順，＊は編著者）

＊齋《さい》藤《とう》富《とみ》雄《お》

1945年　兵庫県生まれ

1969年　関西大学法学部卒業

1996年　兵庫県防災監（初代）

2001年　兵庫県副知事

2016年　関西国際大学セーフティマネジメント教育研究センター長

現　在　関西国際大学副学長

主要業績

『翔べフェニックス』共著，2005年，（財）阪神・淡路大震災記念協会

『災害対策全書』共著，2011年，（公財）ひょうご震災記念協会

前《まえ》林《ばやし》清《きよ》和《かず》

1957年　京都市生まれ

1986年　筑波大学大学院体育研究科修士課程修了　博士（文学）

現　在　神戸学院大学現代社会学部社会防災学科教授

主要業績

『Win-Winの社会をめざして——社会貢献の多面的考察——』晃洋書房，2009年

『揺れるたましいの深層——こころとからだの臨床学——』共編著，創元社，2012年

『社会防災の基礎を学ぶ——自助・共助・公助——』昭和堂，2016年

森《もり》永《なが》速《はや》男《お》

1957年　岡山県生まれ

1984年　神戸大学大学院自然科学研究科博士課程修了（学術博士）

現　在　兵庫県立大学大学院減災復興政策研究科教授

主要業績

『災害多発時代の今だからこそ地球の恵みに感謝!!　——素晴らしい地球のシステム——（増補改訂第２版）』共著，ふくろう出版，2018年

『コミュニティ防災の基本と実践」共著，大阪公立大学共同出版会，2018年

『災害に立ち向かう人づくり——減災社会構築と被災地復興の礎——』共著，ミネルヴァ書房，2018年

映画に学ぶ危機管理

2018年9月20日　初版第1刷発行

＊定価はカバーに
表示してあります

編著者の
了解により
検印省略

編著者　齋　藤　富　雄©
発行者　植　田　　　実
印刷者　藤　森　英　夫

発行所　株式会社　晃　洋　書　房
〒615-0026　京都市右京区西院北矢掛町7番地
電話　075（312）0788番㈹
振替口座　01040-6-32280

装丁　尾崎閑也　　印刷・製本　亜細亜印刷㈱
ISBN978-4-7710-3101-2